吸入黑洞

颠覆认知的假设

[日]威严士 著

[日]今泉忠明 榎户辉扬 审定

[日]安乐雅志 绘画

燕子 译

中国科学技术出版社

·北 京·

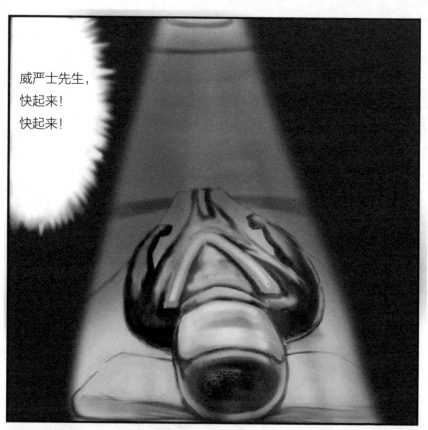

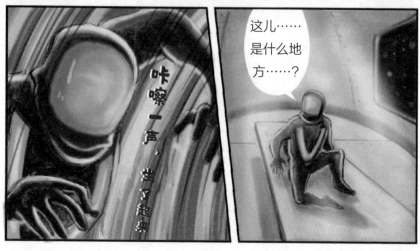

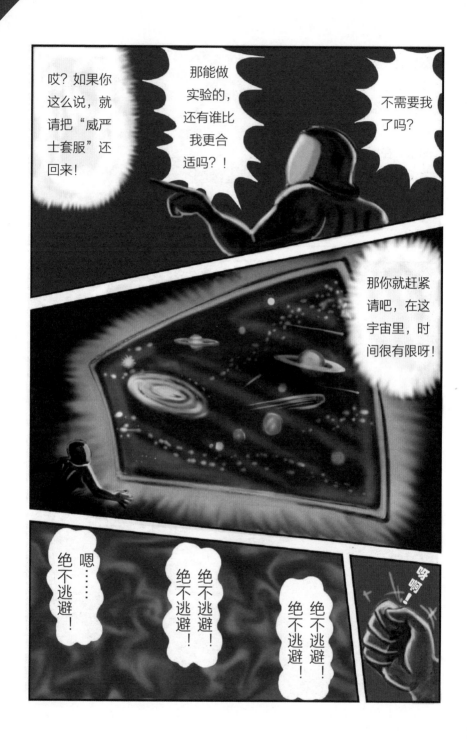

初次见面，请多关照。非常荣幸能遇到勇敢的你。在这个宇宙里，存在着很多危险的星球和生物，以及十分有趣的现象。

"假如落到木星上，会怎么样呢？"

"假如被鲸鱼吞下去，会怎么样呢？"

你们这些人呀，应该会有这样一次的胡思乱想吧。

这次，为了满足您的愿望，"威严士"先生（Mr. VAIENCE）穿着特殊套服——"威严士套服"，请您体验各种各样的"假如"。

请您放心。无论发生什么可怕的事情，有了这套"威严士套服"，就不会有问题。也就是为了要让生命受到保护吧……也许是这样的。

目录

第3章 地球的假如

第4章
人的假如

致阅读本书的各位……

◆ 本书是一本关于"假如的科学"的读物。在书中，我们基于科学提出了各种各样的"假如……"，并对这些假设的问题做了回答，但是，我们并不推荐对书中介绍的内容做具体的实施。

◆ 虽然在书中威严士先生（Mr. VAIENCE）既落到太阳上了，又落到核燃料池里了，但他的身体却毫发无损，这是因为他穿着那套能让生命存活、被称为"威严士套服"的超级服装，这种套服能应对各种各样的"假如"所提出的挑战。

◆ 在全书提出的各个"假如……"的专题介绍中，我们均标出了"假如"的可能性等级。"假如"的可能性等级是使用1~5级来表示在实际中发生的可能性等级，但请您绝对不要去模仿。

宇宙的
假如

比起浩瀚的宇宙，你们人类，显得极其渺小。如此渺小的各位，也会担心关于"宇宙的假如"吗？那就来解开你们的心结吧。

第1章

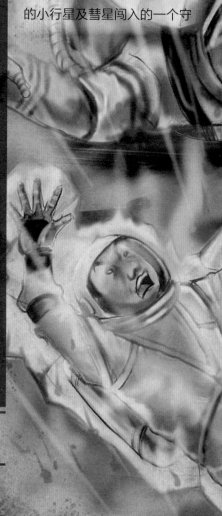

从超低温到超高温、处于高压环境中

木星是太阳系中最大的行星，同时也被认为是最古老的行星。由于木星的质量是地球的300倍以上，木星应当以其巨大的身躯而感到自豪，它所产生的巨大引力效应作用于太阳系的其他天体，可能也是可以守护地球免受飞来的小行星及彗星闯入的一个守护神。另一方面，致死剂量的放射线也在木星周围数十万千米的表层掠过，在这个表层，还常常刮着风速超过 100 米 / 秒的狂风，事实上，木星又如同一个破坏神。

　　而像这样的木星，它的内部原本上又是怎样的呢？实际上，被厚厚的云层覆盖着表面的木星的内部构造，我们也不太了解。还是迅速降落到木星吧。如果你充满着好奇心的话，当然想要快点开始啦！

﹝ 人不可避免地"被化作肉丸子" 在超高温、超高压的环境中下降

虽然这听起来很遗憾，但是在人的肉体开始下降之前，在木星周围的强烈的放射线照射下，你会当场死亡。在木星周围，存在着被木星强力磁场捕获的带电高能粒子区域，这里被称为辐射带。穿上能应付放射线的"威严士套服"再下降吧。作为读者的你，肯定带着"威严士套服"了吧？

木星这样的气态行星不存在固体表面，一般来说，压强变为 1 标准大气压时的高度，被当作是木星的表面。从这儿开始下降到木星中心，大概要旅行 7 万千米。首先进入的，是以氢和氦作为主要成分的大气，以及漂浮的氨冰粒所形成的云。温度约为零下 145℃ 的、风速超过 100 米 / 秒的暴风，从各个方向吹来。你将会一边顶着暴风，一边下降。不过，地狱般的体验才刚刚还开始。在下降过程中，温度和压强都一直在持续上升，下降到 50 千米的时候，压强是 5 标准大气压，温度是 0℃。下降到 150 千米的时候，压强是 22 标准大气压，温度是 150℃。这一带就是 1995 年 NASA（美国国家航空航天局）发射的伽利略木星探测器[1]被破坏掉的高度。不仅如此，随着环境变得更加恶劣，在下降到 1000 千米的时候，压力和温度甚至上升到 5000 标准大气压和 2000℃。风速在 100 米 / 秒以上的风仍然持续不断地吹着，如果没有穿"威严士套服"的话，你的全身就会变成像被挤垮了燃烧着的焦黄肉丸子一样的吧。不过，这大概还只是旅途的七十分之一。如果在这样的地方停下来的话，你的脏腑应该不会脱落下来的。

※1 伽利略木星探测器：1989 年 NASA 发射的木星探测器。

))) 地球上所不能遇见的极为稀有的物质——遭遇到大量的金属氢！

如果继续下降下去，由于高压，周围的氢就开始变成液态和气态共存的超临界流体状态[※1]。如果下降到 1 万千米左右，就可能会观察到，从茫茫一片的大海一样的氢中，析出雨滴一样的氦下落的景象。

当下降 15000 千米的时候，你将来到 100 万标准大气压、6000℃的世界里，物质有时会呈现出在地球上不能想象出来的状态。

而到达 250 万标准大气压、1 万℃的范围时，由于太高的压强，电子离开氢的原子核，变得简直像金属一样在原子核之间自由地转来转去。前面提到的会令人饱受折磨的木星强力磁场，被认为是金属氢[※2]的对流运动产生的。制造金属氢几乎被认为是"高压物理学领域最难的技术"，是地球上科学家们始终追求的领域。对你来说，一边被"威严士套服"保护着，一边在那金属氢的大海中下降，这真是非常珍贵的体验。

※1 超临界流体：处在临界点以内的温度和压力下的物质的状态。如果物质的温度压力超出临界点以外，就会处于气液不分的状态。
※2 金属氢：氢具有金属特性时的状态。

))) 在木星上，
))) 钻石大量地存在吗？

你知道吗？要是说起贵重的东西来，木星大气中可能存在大量的钻石。在木星大气中，由于暴风引起的雷击影响，含有碳的物质以原子单位分离，结果造成了比氢重的碳沉到大气的下部，由于很高的温度和压力，这些碳有形成钻石的可能性。而这些碳成为钻石后，就会在大气中下落。你和钻石一起下落，这是幻想般美好的情景吧，遗憾的是过不了多久，你就会和这个珍贵的旅伴分别了。如果下降到离木星中心的距离大约一半，也就是约 35000 千米，就到达了 1000 万标准大气压的地方，在那里，由于太高的温度和压强，哪怕是钻石也会融化成液体。因此，在木星内部，就连钻石都不是永恒的。

在告别钻石以后，接下来周围的情况便发生了变化。在金属氢大海的内部，一部分岩石与铁、镍等重元素开始混在一起。这儿隐藏着什么呢？原来是木星的核，呈现出来的景象是，周围的金属氢与木星核的物质好像融合起来了，对下降的你来说，可能会感到重元素的比例逐步增加的情况。我们不太清楚为什么木星的核会呈现出这样的状态。即使应用原有的行星形成理论，也不能解释。一部分科学家认为，这种状态形成于木星形成初期的阶段，是因为一颗质量为地球 10 倍左右的行星与木星正面撞击引起的。根据这一学说，撞击扰乱了木星的核，即使过去了 46 亿年，它仍然没有稳定下来。

在重元素逐渐变浓的大海里下降，行进了共计约 67000 千米而到达的末端，这里就是半径大约为 3500 千米的木星核。温度达到了 2 万~3.6

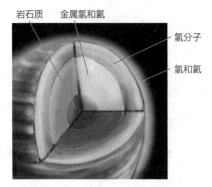

岩石质　金属氢和氦

氢分子

氢和氦

万℃，压力则是 4000 万标准大气压。这里只有不断降落的液体钻石雨，而周围应该就是高压物理学家们非常渴望得到的金属氢。然后，就是也许能成为寻找太阳系初期情况线索的、扩展到金属氢层区的木星的核。这个核被珍贵的金属氢包裹着。

　　结束了艰苦的旅途之后，虽然到了该得到奖赏的时候了，但遗憾的是，如果你从这儿逃脱，那么我连联系谁来领奖都找不到了。虽然你是想让任务在这儿就结束，但实际上任务才刚刚开始。让我来带你去下一个"地狱"吧。

落到木星上只是第一项任务吗？
最好热身一下，做好下一项的准备。

假如

落到天王星上，会怎么样呢？

那是隐藏在蓝绿色深处的一个
1000万标准大气压的压缩地狱

在距离太阳30亿千米的地方，有一个行星有着蓝绿色的特征，这个行星就是天王星，它正绕着太阳公转。与太阳的情况正相反，天王星处于最低气温为零下220℃的极寒环境中，并且它与木星也不一样，天王星没有条纹花样。表面上看起来，读者也许认为天王星是一个没有什么特别趣味的行星吧。

然而，事实真的是这样吗？"眼见为实"，这是你们人类经常说的一句话。天王星，也可以在它那美丽的蓝绿色深处，让我们看到它饶有趣味的环境。

当然，需要担心把眼睛看疼了的也是你。它是否是一个无聊的行星，实际上，只有穿上"威严士套服"降落到天王星上以后，才能说出其中的门道来。

))) 实际上我们并不了解的
神秘的天王星

在你降落到天王星上之前，你在远处看到的天王星就像一个古怪的浮雕。天王星自转轴相对公转轴的倾角为 98°，也就是说，天王星绕着太阳咕噜咕噜地在公转。因为天王星公转周期是 84 年，所以你会体验到的是一个极端的周期，它所带来的极致的情形是，太阳一直不落下的连续不断的白夜是 42 年，而剩余的 42 年，是太阳一直不升起的连续不断的黑夜。

另外，天王星的地磁场也不拘常规。大致的比较是，天王星地磁场的强度是地球的 50 倍，是木星的 1/400 左右。天王星公转轴相对于自转轴的倾角是 98°，而与之情况不同的是，其地磁场的轴与自转轴的倾角是 60°。由于倾角不同，天王星简直就像灯塔的光一样，一边旋转，一边把周围的磁力线和放射线都给搅乱了。

我们目前仍然不太清楚为什么天王星地磁场会成为这样的一种状态。有一种说法，认为是因为"在天王星的核的周围存在对流的且具有导电性的流带层"，这个说法有一定的权威性。

实际上，关于天王星的内部构造，我们并不太清楚。不过，对于在先前刚刚去过的木星，不仅"旅行者"1号和2号空间探测器在木星附近飞掠时做了"近飞探测"（flyby）[1]，伽利略木星探测器和朱诺空间探测器也成功地绕飞了木星。另一方面，以天王星作为主角所做的探测，仅有一次，是1986年"旅行者"2号所做的近飞探测，之后，就连做进一步探测的计划，都几乎没有。遗憾的是，说人类无视天王星，可能也不过分。

因为这次是好机会，所以你作为人类的代表，和天王星亲近一下如何呢？天王星内部被称为"地狱"的环境应该也在高兴地欢迎你吧。

))) 本以为是美丽的行星，却遭遇了恶臭的旅行？

如果被美丽的蓝绿色表面所吸引去接近天王星，就能看到由氢和氦构成的大气和由甲烷构成的白云。如果考虑到刮风因素，在天王星的不同地方降落，情况有很大不同。天王星既有那种除了偶尔发生风暴之外而大部分情况下无风的纬度，也有风速超过200米/秒的地区。听说如果运气好的话，就能享受平静的降落，但即使在这种情况下，天王星的环境也会逐渐地露出狰狞的面目。

在压力接近1标准大气压的附近的地方，某种物质的浓度便高起来了。这种物质就是硫化氢。因为是在甲烷也大量存在的环境中，假设脱掉了"威严士套服"，就可能在远离地球的行星上体验闻到屁的臭味。更可

※1 近飞探测（flyby）：指"近天体探测飞行"，航天器飞近某天体进行观察，利用重力像投链球一样地加速。

怕的是，因为没有氧，你应该会在闻到屁臭之前就死掉了。

如果继续下降，就是从硫化氢形成的云，总之是从恶臭的云里穿过。此外，甚至到达那云的下层的，充满硫化氢铵、有着腐败鸡蛋臭的物质的云。当你觉得满处都是恶臭的时候，你已从天王星表面大约下降了300千米。在这附近的地方，温度大约是50℃，压力是50～100标准大气压，和开始下降的时候比，正在暖和起来。

不过，旅行当然还没有结束。在大气中下降了约6000千米后，总算进入了被称天王星的幔的区域。这儿是由水、氨和甲烷形成的茫茫冰海。虽说是冰，但在压力为20万标准大气压、温度在2000～3000℃的环境下，你应该不会感到冷吧。

﹨﹨﹨ 地球上不可能得到的
不可思议的物质的未知世界

天王星给我们展现的不可思议的物质，不仅仅是超高温的冰。在天王星的幔内包含有很多元素，它们是氢、氧、碳及氮。这些元素的原子，由于太高的温度和压力，形成了不可思议的分子。例如化学分子式为$C_2H_2N_2O_2$，分子像锁链一样长地连接的高分子状的物质，以及碳酸和水反应产生的H_4CO_4等。这显示出，在地球上非常不稳定的物质，在天王星的幔内稳定的可能性存在。

此外，对人类来说，也会发现身边的物质发生变化。如果压力100

万标准大气压左右甚至更上升，天王星幔内就显示出与构成水的氧和氢不一样的一面。有一种学说称，氧会像矿物的结晶一样地被固定在立方体的顶点，形成氢在那周围自由流动的超离子冰的物质。剩余的甲烷也形成钻石，有在超离子冰内像下電子一样的可能性，这是在地球上绝对看不到的盛景。

　　你的旅行也接近结束了。终于到达天王星的中心，天王星的核。压力是 1000 万标准大气压，温度是 5000～6000℃。关于天王星的核，我们不了解的情况很多，它是同木星的核一样同周围混在一起，还是独立的岩石块，我们也不清楚。关于天王星的核也存在各种学说，如天王星的核的周围被化学分子式为 H_3O 的一氧化三氢的薄壳覆盖，还有那个形成的天王星奇怪的地磁场的学说等，这都是从天王星引出的不断的趣味。

　　下降到天王星上的旅行怎么样呢？如果人按照"眼见为实"那样所说的，因为天王星外观的美丽，也想象天王星几乎具有奇妙的内部，这种情况就未能如愿以偿了，不是吗？你是第一个能成功地临近观察天王星内部可怕环境的不可思议的情景的人类。

　　那么接下来，你要带大家去参观一下什么样的地方呢？

在天王星上得到钻石，在地球上变为亿万富翁！
但你是否能平安地回去呢，我很担心……

假如

人的身体暴露在宇宙空间，会怎么样呢？

大约15秒钟昏过去，体内物质从身上每个孔泄漏出来，七窍生烟……

地球有时被称为奇迹的星球。它对于人类生存来说非常适合，有适当的气温和丰富的水，以及大气中存在的大量氧气。不过，像这样的理想环境，只要离开地球稍远一点，便不复存在了。从地面稍稍离开一点点的8千米，也就只是进入不到地球直径1/1000距离的上空，就变成了人类不能长期生存的环境。

此外，离开地球的距离继续变大，会怎么样呢？索性从地球跑到相距遥远的宇宙空间去，让人的身体暴露在太空中，又会发生什么呢？担心吗？因为机会难得，所以作为读者的你来当这个实验品吧。拿着这本书的人，你愿意成为志愿者吗？

))) 超出想象的过于严酷的宇宙空间
能保持肉体的原样生还吗?

和地球不同,宇宙空间是非常严酷的环境。最主要的问题是缺乏大气压。你们人类经常使用"像空气一样地到处存在"的比喻,但是空气是由几乎数不尽的分子所构成的。1 立方厘米的空气大约有 3000 京(京是 10^{16},也就是兆的一万倍)个分子存在,只是人的眼睛看不见。

这 3000 京个空气的分子高速地飞来飞去,与接触空气的所有物体不断发生碰撞。这种碰撞就是大气压的真面目,而人类的身体,是以大气压的存在为前提而被设计的。而在宇宙空间,1 立方厘米空间里,只存在 1 个分子的情况也并不罕见。银河和银河之间的空间,被认为不是每 1 立方厘米,而是每 1 立方米的分子的数量不满 1 个。当然是要看地方,但是在宇宙空间,认为"像空气一样地到处存在"可以说是完全不成立的。

另外,在宇宙空间中,被称为宇宙射线的有害的放射线不断飞来飞去。在太阳系内,也存在着起源于太阳耀斑现象的宇宙射线,以及其他行星地磁场的宇宙射线,还有起源于与太阳系相距很远的黑洞的周边的宇宙射线,以及超新星爆炸的宇宙射线。在这种情况下,没有避开宇宙射线的方法。因为地球的大气层和地磁场在某种程度上的守护,在地面附近也可以不用担心宇宙射线的影响,但是离开了地球,那可就不能指望了。

怎样能够理解宇宙空间严酷的环境呢?读这本书的你,一定也想进入宇宙空间吧。会不会受不了呢?满足你的愿望,就保持你肉体现在的样子,把你扔到宇宙空间里去吧。

⫸ 空气从身体里跑掉，
⫸ 不能忍受的呕吐和遗尿

在进入不存在大气压的宇宙空间的瞬间，也许人体会忍受不了而发生爆炸，四分五裂。不过，幸运的是，人的皮肤是强韧的，不会真的发生像爆炸之类的事。但是占据你体内的大部分的水开始沸腾，不到十秒钟左右，你的身体便膨胀起来，变得很丑。

你最初体验到的，是空气从身体的孔穴迅速跑掉的感觉和声音。要是说起为什么会知道有这样的体验的话，是因为实际上存在因事故被暴露在真空之中，之后又马上生还的人。听说那人最后的记忆是，舌头的水开始有沸腾的感觉。幸运的是，因为周围的人清醒过来察觉到了，在15秒左右压力又开始上升之前救了他，他才保住了一条性命。对于你的情况，只好祈祷能有救助你的人。

空气从身体中渐渐地跑掉了，当然，它是从肺里以惊人的气势被吐了出来。要让人的脑起作用，需要由血液携带的氧，而氧是由肺里的空气提供的。不过，在肺中的氧消失在真空的状态下，甚至还会发生不但不向血液提供氧，反而相反从血液中抢夺氧的情况。由于缺氧，预计你将在15秒左右昏过去，如果不救助的话，你将永远长眠下去了。失去知觉的结果是，控制身体器官的能力全部丧失。听说就是呕吐和遗尿，并且你能看到"很美丽"的幻境。

为了避免这种情况的发生，也许可以考虑把呼吸停下来，以便能保持大脑的意识，这个恐怕是最坏的选择。如果肺发生破裂，最终的结果是，即使被救助，生存下来的概率也将大幅度降低。实际上，科学家也在考虑对于那些意识丧失之后还活着的人，被扔到宇宙空间里后如果被救助了的话，受损伤的大脑是否能够恢复。关于时间的限度，还不能说得很清楚。研究结果说明，对于可爱的小狗是90秒，黑猩猩是150秒。对人来说，也从那个时间开始算，不会大大地少于这个时间吧。

为了使物体变冷，物体有必要向周围放出热能，众所周知，放出热能一般有三种方式，分别是热传导、热对流和热辐射。不过，因为在宇宙空间中，不存在热传导物质和热对流物质，只有热辐射，因此可以计算出你的身体到达零度以下所需要的最快的时间。在这以后，你化为在宇宙空间漂着的变冷的"木乃伊"，由于受到宇宙射线长时间的照射，身体表面渐渐地噼里啪啦地掉下，破烂不堪地艰难走向道路的终点。遗憾的是，宇宙空间对人类来说是太过于严酷的环境。只是离开地球这么一点点，就成了这个样子。而人类，面对这个叫作地球的奇迹星球，是不是缺乏了一些敬意呢？

暴露在宇宙空间中，你能看到很美丽的幻境，不对，这是不干净的景象。

假如

地球被黑洞吸入，会怎么样呢？

地球被拉长，像意大利面条一样地整个被吸进去

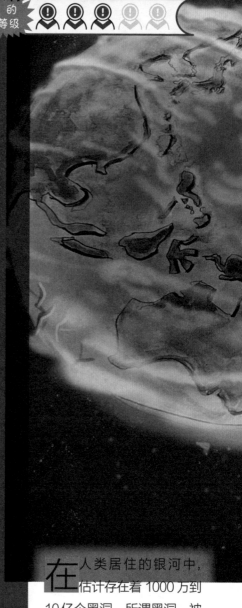

在人类居住的银河中，估计存在着 1000 万到 10 亿个黑洞。所谓黑洞，被认为是具有最强大的引力，能将宇宙中所有的东西几乎无穷尽地吸进去的天体。

因为黑洞具有电磁波无法直接探测的性质，即使假定就在太阳系附近有黑洞的话，除了引力的影响以外，也还很难知道它的存在。

　　然而，如果黑洞在人类还没有醒悟过来的时候就逼近地球旁边的话，究竟会发生什么呢？从诞生起已存在了 46 亿年的地球，以及还有你，会怎么样地被黑洞吞下去呢？

))) 强烈的地震和茫茫的岩浆大海
一幅把一切都吸入进去的地狱图画

实际上如果以足够的距离从远处眺望的话，黑洞也能看作是与地球及太阳类似的天体，但是这是黑洞存在于极端远处的情况。假如在地球附近存在黑洞的话，一定会发生毁灭性的事件。假设一个质量是太阳质量的10倍左右，大小为极其常见的黑洞突然在地球旁边出现，太阳质量的10倍，就是相当于大约地球质量的330万倍，大得简直只有质量了。因为黑洞被高密度地压缩了，与地球相比体积更小，其半径大约只有30千米。在地球旁边突然出现的黑洞，由于它那极为强大的引力，毫不留情地向地球龇出了獠牙，露出狰狞的面目。首先，地球面向黑洞的一侧与不面向黑洞的另一侧产生了引力差。由于引力差，地球在被黑洞吸入时，被拉得细长，整个地球变形。由于这个变形产生的摩擦热，会导致在地球历史上从未见到过的强烈地震和火山活动，地表上沸腾翻滚的岩浆化为一片茫茫的大海。大气、水及人类，与地球混在一起朝向黑洞掉进去，都会一点儿痕迹也没有地消失了吧。

决定性的毁灭从黑洞中心接近地球数百千米左右的瞬间降临。与构成地球物质的引力相比，由于黑洞的引力的影响变大，离黑洞近的部分的地球物质被剥去，在黑洞周围旋转。圆球形的地球被拉到了极限，变成了像意大利面条一样形状的气体块。这美丽的现象，称为面条现象，或面条效果。被黑洞剥去的物质一边加速，一边开始在黑洞周围旋转，化为被称为"降落的圆盘"的气体块。不过，这也不是永恒的。它们会马上转过头来向黑洞一直掉下去，最终构成地球的所有物质都被黑洞吞了下去。被黑洞吸入之后，即到达了"视界面"[1]之后，会发生什么还不清楚。是作为

※1 视界面：如果黑洞存在，则是一个其引力大得几乎连光一旦进入都不能逃脱的领域，边界是一个封闭的视界面，里面发生了什么我们不知道。

物质的地球的痕迹都消失了呢？还是被视界面像全息图那样地记录了呢？现在的物理学还找不到答案。

　　不过，对太阳系来说，这只是悲剧的开始。太阳系的全部质量中的大部分都集中在太阳上，如果这次出现的黑洞质量是太阳的 10 倍，那么太阳系的重心就位于黑洞和太阳之间了，所有的天体将以这个重心点为中心开始公转。当然，如果是这样，公转轨道就随之乱掉了，行星之间发生碰撞，行星被赶出太阳系之外，并且还会出现太阳和行星被黑洞吞掉的情形。想到这么悲惨的地狱图画，反而作为最初牺牲者的地球和你，能先安逸地逝世了，也许也是幸运的。

最好这个世界的一切都被黑洞吞下去……

假如

宇宙终结发生大坍缩，会怎么样呢？

整个宇宙就像气球一样收缩掉了

按人类的观点来看，整个宇宙规模的时间轴简直大得出奇。假设把宇宙历史的 138 亿年压缩成 365 天的话，那么成为现代人类的"现代人"只相当于到了除夕夜晚上刚过了 11 点 48 分的时候才诞生，

而作为人类繁荣象征的工业革命之后的世界，也存在了不到 1 秒的短暂时间。

　　不过，并不是说从悠久的历史走来的宇宙就会任凭它像现在这样永远地存在下去，总有一天宇宙会到达寿命终结来临的时候。虽然宇宙终结的假设主要提出有 3 个，但是这次仅介绍其中关于"大坍缩"的假设。在即将发生大坍缩之前，在宇宙存在的生命体，会有怎样的体验呢？

))) 你们的生活不变化吗？
))) 大坍缩之后的世界

我们知道，现在的宇宙正在膨胀，并且，这个膨胀的速度正逐渐地变快。本来，如果是由于引力的影响，膨胀速度应该逐渐变慢，实际上，最初科学家也是这么认为的。在地球上，如果向上抛出球的话，即使最初劲头十足地上升，速度也会渐渐变慢，不久就静止下来，然后朝地上落下来。这是预料当中的事，但是，现实的宇宙，却发生着像抛出去的球反而逐渐地变快这样超出想象的现象。

为了解释这一观测事实，科学家们正在思索空间本身扩张的原因，把这个真相不明的现象命名为暗能量。针对宇宙以怎样的形式临近终结的问题，这个暗能量，也就是宇宙里包含的物质，是把握问题的关键。然而，暗能量究竟是什么？这个暗能量将来会怎样在宇宙中产生影响，还完全不清楚，目前人类还没能得出结论。

被认为是宇宙的开始的形象比喻，称为"宇宙大爆炸"，而接下来介绍一下表述宇宙终结的三个假设，分别称为"大边缘""大冷冻""大坍缩"。所谓"大边缘"假设，就是由于暗能量的影响，空间的膨胀渐渐地变快，最终空间本身撕开了全部宇宙构造体的假设。与此相反，不像大边缘那样暗能量的影响是非常强烈的情况，假设的是"大冷冻"，即宇宙持续膨胀的结果是，最终全部的物质和能源的距离过于稀疏，在宇宙中什么都不发生的假设。然后，所谓"大坍缩"假设，就是引力终究克服了暗能量，结果全部宇宙转向收缩，最终无限地收缩，回到大爆炸前状态的假设。

现在，认为暗能量是作为空间本身所具有的能量的学说更有说服力。如果以此学说为基础考虑，那么暗能量的密度，即空间每一幅度的膨胀速度为常定，大冷冻被认为可能性为最大。然而所谓的将来就一定归因于暗能量的证据不存在。实际上，由于暗能量，宇宙的膨胀变弱，因此反而也有科学家认为，由于暗能量，宇宙转为收缩。这种情况下，宇宙将以称为大坍缩的形式临近终结。

假如发生大坍缩的话，会发生什么呢？假设从现在这一瞬间开始，宇宙朝着大坍缩开始收缩，人类的生活绝对不会改变吧。地球依旧绕太阳公转，太阳也不发生变化，继续发光。不过，并不需要太多的时间，正在观察银河的科学家们就会觉察到异常变化。

在现在的宇宙中，从相距很远的银河发出的光，由于空间本身的膨胀，以波长变长的状态到达地球，这种现象称为"红移"。但是，如果宇宙转为收缩，相反，就发生波长变短的"蓝移"。科学家们以这种新观测的方法作为基础，如果宇宙由于大坍缩临近终结，是能够预测得到的。

当然，虽然说着容易，但是这些预测未必能做得到。所谓宇宙的收缩，意味着是追溯宇宙的历史所发生的现象。要预测全部的银河互相开始接近，宇宙空间本身的温度也无止境地上升，就要花费数百亿年的漫长岁月，一直要追溯到宇宙的漫长历史。被称为人类的小人物要与那宏大的历史长河抗争，是不可能做到的。

))) 在整个宇宙中出现恩惠之水？！
))) 分子的概念消失，以及火球……

不过，在宇宙收缩破灭之前，也有带来很大恩惠的可能性。众所周知，现在宇宙的温度为零下270℃，作为宇宙大爆炸残余的放射线在膨胀的空间造成的"红移"，在到达地球时相当于零下270℃左右。这个残余被称作"宇宙背景放射"[1]，不只对地球，它对无论宇宙的哪个地方都不断放射。如果宇宙转为收缩，宇宙背景放射的温度上升，总有一天，说不定哪个天体，远离了太阳，成为在宇宙空间中飘荡着的不归属于恒星的自由漂浮行星，能保持某种温度不变，使得在表面能够有液体的水存在。实际上，在宇宙大爆炸的1000万～1700万年之后，宇宙成为像这样的状态的可能性，也曾有人指出过。如果液体的水存在，生命诞生的可能性就变得非常大。说到底，这只不过是可能性，但对经历了大坍缩的全宇宙的生命来说，这种可能性也许会成为让最后一朵花开放的机会。

遗憾的是，这个状态也不是长时间持续不变的。马上，宇宙背景放射的能量就变得过高，液体的水蒸发，生命的结束就来临了。然后，不只是水的全部物质中的电子离开了原子核，成为了等离子的状态，就连原子核之间用来连接原子核的电子也消失了。那原子核之间也马上由于过高的温度和压力，以全宇宙的规模发生核聚变，并且可以推断，如果温度上升，

※1 宇宙背景放射：大约138亿年前，在发生宇宙大爆炸的时候，发出的光的残余。

连现在的物理定律，也都会发生变化。最后的瞬间，在无限压缩了的火球中，宇宙的终结来临。这就是所谓的大坍缩。

关于大坍缩之后的宇宙，现在的物理学还没有答案。是保持火球的原样永远持续地存在下去呢？还是再一次发生宇宙大爆炸，像凤凰涅槃一样，宇宙又浴火重生呢？不管怎样，现在的宇宙，就连它的痕迹也会全部消失殆尽吧。从无开始，到无结束。对只能活100年左右的人类来说，也许没有必要担心。

人类即使担心宇宙的终结，也没有办法。但直到现在，这只是在科幻小说里会发生的事情。

无论怎么前进，宇宙也无穷无尽？！

走到宇宙的边际，会怎么样呢？

科学已经进步到了今天，你也能观测到在宇宙空间持续穿行了大约138亿年的光。这光就是在地球上现在能观测到的"宇宙的尽头"。

不过，实际上，宇宙的尽头离我们大约460亿光年。而造成计算不一致的原因，是因为宇宙本身像鼓起来的气球一样膨胀了，在远距离的某个物体，看上去以更快的速度离去。因此，138亿年前发光的天体本身也继续走远，现在它是处在离开地球大约460亿光年的地方。那个宇宙的尽头已经怎么样了？请穿着"威严士套服"，往无限的宇宙尽头，前进吧！

在宇宙中不管前进多少，
都看不见终点？！

那么，在宇宙的尽头，究竟会发生什么呢？如果有"威严士套服"的话，460亿光年的移动可能就是一瞬间吧。在那里，你们难以想象的世界扩展了吗？

现在你好像能平安地移动，在这里，也存在着和你们住的银河相似的银河。也许还有像地球一样的行星。即使我们背向地球，尽可能地向远处环视一下，也和从地球上看到的情景一样，分辨不出什么不同，非常地相似。究竟是怎么回事呢？

实际上，从地球能观测的宇宙，就全部宇宙来说，是很少的一部分。从地球看宇宙的尽头，138亿年前在宇宙尽头发出的光，不过恰好到达今天在地球上看宇宙的地方，对于全部宇宙而言，这没有什么特别的。

不过，在这儿，看到的光既不是源头也不是末端。那么，以宇宙的尽头为目标，从离开地球460亿光年的地方，朝向与地球相反的方向，进一步移动看看吧。不知道需要多少时间，反正应该能挣扎着走到宇宙的尽头。

可实际上，不管我们前进多少，都走不到宇宙的尽头。为什么？必须告诉你悲哀的现实。实在抱歉，目前，所谓"本来在宇宙中就不存在尽头"这句话，已成为科学上的定论。

相对论的思维
曲率和宇宙的关系

这里所说的时间与空间的"曲率"，其实是空间本身以什么程度弯曲，尽管两者相互之间有着密切的关系。

根据阿尔伯特·爱因斯坦的相对论，引力是作为把物体拉过来的能力，被认为其本质是在空间弯曲的能力。例如，地球绕着太阳转，就是由于太阳的引力，地球在被弯曲的空间中一直前进的结果，看起来就是公转了。这不仅适用于物体，也适用于光。

如果宇宙的曲率是 0 以下的话，就会被认为是无限大地扩展了。曲率是 0 的话，空间像一张纸一样地平，可以无限大地扩展。曲率比 0 小

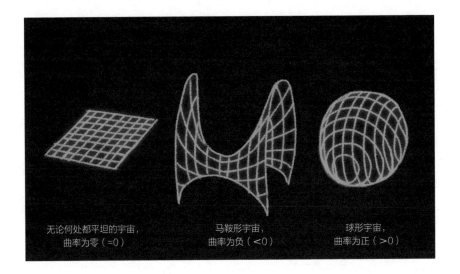

无论何处都平坦的宇宙，　　　　马鞍形宇宙，　　　　球形宇宙，
曲率为零（=0）　　　　　　　曲率为负（<0）　　　曲率为正（>0）

的时候，空间像马鞍形一样，也无限大地扩展了。而曲率比 0 大，则被认为全部宇宙完全变得像球面一样了。虽然在这种情况下，宇宙的大小本身是有限的，但是如果面向一个方面继续前进，被认为终究会返回到原来的地方。

总之，对你们来说，非常遗憾，无论是哪一种情况，宇宙的尽头也不存在。曲率是 0 以下的话，以宇宙的尽头为目标，无论怎么继续旅行，也永远艰难地走不到尽头。如果曲率比 0 大的话，即使继续前进，也会终究返回到原来的地方。

))) 既走不到宇宙的尽头， 也不能返回原来的地方

好像过分相信了"威严士套服"的威力，匆匆忙忙地出发成了一种毁灭。离开地球已经非常远了。如果宇宙的曲率是 0 以下的话，即使再前进，也是徒劳的，所以只好一直返回。但是，既然已经来到这里了，不赌赌看，还有曲率比 0 大的可能性吗？是，如果曲率比 0 大，就照这样继续前进，还能返回作为出发点的地球。

不过，这又是一个遗憾。目前，宇宙的曲率几乎为 0，这是很显然的。检索互联网，捕捉到"宇宙背景放射"的画面，既有温度稍高的部分，也有温度稍低的部分，但是能在理论上计算出那个范围的大小。

假设这个宇宙有曲率，如果空间弯曲，由于光也弯曲前进，那么温度

高的地方和低的地方的大小，应该看起来和实际的大小不一样。然而，把能从地球观测的范围的大小，与根据理论计算推断出的范围的大小比较一下，得到了大致是一致的结果。也就是说，全部宇宙的曲率"几乎为0"。

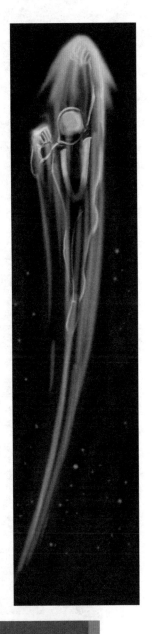

一辈子也回不了家了，只有永远地前行

为什么变成这样了，还是没有被解释明白，但是在这样的宇宙里，你们只能是这样生活下去，好像这很确切。

这回只能老老实实地返回了。在曲率不大于0的世界，无论前进多少，也不能艰难地走到宇宙的尽头，就照这样继续前进，也不能返回原来的地方。

回不了地球了。
不来接俺吗？

假如

『参宿四』发生超新星爆炸，会怎么样呢？

夜空中出现第二个月亮
世纪天体秀，超新星爆炸

猎户座点缀着冬天的夜空。位于猎户座的左上方，发出橘色光的一等星就是参宿四。即使在全天当中看，参宿四也是最明亮的星，但你知道这颗星在近期内可能会消亡吗？

事实上，参宿四的寿命所剩无几。而且人们认为，参宿四将发生出人意料的爆炸，即所谓超新星爆炸，以此结束它的一生。

这个爆炸的能量，据说可以与太阳在其度过 100 亿年生涯中所发出的能量的总和相匹敌。

假如参宿四的超新星爆炸在现在实际发生了的话，那么在地球上居住的人类会有什么样的体验呢？

⫶ 余生被宣判的参宿四
⫶ 爆炸就在不远的未来

参宿四不久将发生超新星爆炸是事实。不过,"不久"的这种表达方式对于人类来说,可能会产生误解。关于参宿四什么时候会发生超新星爆炸,所预测的是,即便最快,也在 10 万年以内。对人类来说,这么长的时间也没有什么意义吧。但是,与参宿四诞生以后大约 800 万年、太阳诞生以后大约 46 亿年相比,在宇宙规模时间轴上,10 万年只是一个很小的瞬间。如果假设参宿四的寿命是 80 年,就是相当于参宿四被宣告只剩下 1 年的余生。

尽管如此,如果参宿四有什么异常情况的话,人类就会马上将它和超新星爆炸联系在一起。例如,从 2019 年年末开始,在不到 2020 年 2 月的期间,参宿四的明亮度急剧地下降了。由于参宿四周期性的脉动,即使在通常也有 30% 左右明亮度的变化,不过因为这期间与通常状态相比下降了 60% 左右,为此许多新闻网站都报道了耸人听闻的消息,声称参宿四已经临近超新星爆炸的状态了。

但是,在天文学家当中,认为当时开始把这种明亮度的下降与超新星爆炸

联系在一起是没有道理的，这种意见占了主流。理由是，即使查一下其他超新星爆炸的数据，也能发现，在即将爆炸之前，一般不会观测到明亮度的下降。实际上，由于在 2020 年 4 月的时候，参宿四的明亮度又返回原来的明亮度了，至少在人的时间感觉上，临近爆炸的传闻自然而然地消失了。作为题外话，对于 2019—2020 年的明亮度的下降原因，主要有两种意见。一种意见是，变暗的只是参宿四的一部分，是由于大量的尘埃遮住了参宿四的光；另一种意见是，产生了像太阳黑子一样的，在参宿四的表面上出现的温度低的大范围区域。实际上，这两种意见中，哪一种是正确的，还没有定论，期待着今后的进一步研究。

))) 对爆炸感到困惑的是
天文学家和夜行动物吗？

虽然不知道什么时候发生参宿四的超新星爆炸，但万一现在发生了的话，会导致什么呢？由于地球和参宿四的距离有 500~650 光年左右，即使现在这一瞬间发生了超新星爆炸，那个爆炸的光到达地球也需要 500 多年的时间。

因此，这就好比要想象一下，参宿四在 15—16 世纪已经发生超新星爆炸，结果这个消息今天才到达了地球，会发生什么呢？

幸运的是，危机没有威胁到地球上的生命。超新星爆炸的能量确实是向外膨胀的，大量地释放出 γ 射线和 x 射线等放射线，但要威胁到地球上的生命，需要 50 光年以下的距离。一部分的超新星在爆炸的时候，也有发生"γ 射线爆丛"[※1]的可能性，虽然参宿四未曾发生过超新星爆炸，但是最近认为，γ 射线爆丛的发生只限于像导致黑洞诞生那样的超新星爆炸。一般认为，作为不是黑洞的中子星而遗留下来的参宿四不会发生 γ 射线爆丛，这已成为普遍的看法。也就是说，人类能安心地欣赏这场天体秀表演。

此外，参宿四的超新星爆炸，具有在一段时间之前能观测到前兆的可能性。参宿四的核在崩溃的时候，在星的内部存在的质子和电子相结合，成为中子的状态，同时大量地释放出称为中微子的基本粒子。星的核周围的物质朝向星的核掉落，而在核发生了变化的中子星内，又被顶过来的冲击波撞上，冲击波扫过整个星体，发生超新星爆炸。

爆炸释放出中微子和冲击波，然后，在这些能量变为包括光在内的电磁波之前，因为有延时，被认为是中微子先到达地球。因为中微子对其他的物质很难造成影响，因此对地球上的生命来说没有危险。像日本的"超级神冈中微子观测天文台"[※2]那样的专门的中微子观测装置，就有可能检测出中微子来。实际上，距离地球大约为 16 万光年的超新星天体 SN1987A，在 1987 年发生超新星爆炸的时候，观测到了在电磁波到达地球的一段时间之前的中微子的增加。对于参宿四的情况，也同样有中微子先于电磁波到达地球的可能性。

保持完整的、到达地球的超新星爆炸产生的光，假设在参宿四距离地球为 640 光年的情况下，如果在 1 个小时左右的时间内，以满月的 1/10 左右的明亮度，即大约与半月相同程度的亮度发光，当然，夜空就会变得

※1 γ 射线爆丛（burst）：在数十毫秒至数百秒的短时间内，就像能造成破坏的光线一样，γ 射线以束状的形式放射出来的现象。

※2 超级神冈中微子观测天文台（Super-Kamiokande）：在日本岐阜县神冈的世界最大的使用水的切伦科夫（Cherenkov）中微子观测装置，1996 年开始投入使用。SN1987A 超新星的中微子，被其前身的神冈中微子观测天文台观测到了。

如同增加了一个月亮那样的明亮。一方面，普通人能够欣赏这举世无双的夜空，另一方面，对必须要在黑暗的夜晚进行观测的天文学家，以及把月光作为依靠的夜行动物来说，可能是一件不好的事。他们在几个月内，只好忍耐白昼一般的夜晚。

超新星发生爆炸的 3 个月之后，超新星爆炸的明亮度会开始急剧下降。2 年之后变成现在的参宿四的明亮度，再 3 年之后，可以预测，用肉眼就看不见了。和 2019 年的时候不一样，因为参宿四的明亮度再也不恢复了，这就意味着作为点缀夜空的星星之一，参宿四永远地消失了。冷清的寂寞，成为注定的未来。

并且，人们指出了一种可能性，就是在参宿四所在的位置，被称为超新星残骸的星云残留下来，作为包围着核的，发生了变化的中子星的星云依旧发光。1054 年超新星爆炸形成了相似的星云，如果参宿四在那个与地球相距 640 光年的地方爆炸并形成星云，就会留下用肉眼也能充分地看得见的明亮的光点。那么，曾经被称为参宿四的那颗星星，在它的世纪天体秀表演结束之后，它残留的星云也许还能让人类欣赏持续数百年。

参宿四的超新星爆炸，想在活着的时候看一下。

充满了故事的行星
被发现只是时间的问题？！

太阳系第九行星被发现，会怎么样呢？

2006 年，在国际天文学联合会的会议上，决定将冥王星从行星中除名，冥王星被分类为矮行星，引起了世界的轰动。如果把冥王星"降格"为矮行星，也有始终持反对意见的人，直到现在，在天文学界有一部分人仍对此留有遗憾。

　　然而，从 2010 年开始，有人提出了把冥王星作为特别的太阳系第九行星存在的学说。像冥王星这样的星体，不满足行星的定义，不是因为它小，而是认为它是比地球还大的天体，这种意见占了大多数。

　　反对的意见也很多，假如这个学说可以说得通，第九行星被发现，会发生什么呢？究竟为什么可能存在未被发现的第九行星呢？

(((认为有第九行星的一派对决认为没有第九行星的一派
(((论战完结只能等到发现之日？！

因为人创造了"行星"的定义，所以也有天文学家主张说，应该改变现有的行星的定义，把冥王星放回到行星当中去。实际上，到 1820 年，当时被发现的从水星到天王星的 7 个行星，以及加上火星和木星之间存在的小行星带中的灶神星、朱诺星、谷神星、雅典娜星 4 个天体，合在一起的行星数量共计 11 个，这好像在教科书里讲过了。现在只有谷神星是矮行星，其他的三个被分类为小行星，按照这种说法，没有什么需要改变的。

那么为什么虽然没有被直接观测到，但是还是认为在海王星外侧存在第九行星呢？它的由来是因为有一种意见，认为在海王星轨道外侧公转的外缘天体的轨道，存在着某种倾斜，而对这种倾斜所能做出的最好解释，是由于未被发现的行星的引力所造成的影响。太阳系在海王星的位置还没有走到边界，许多天体正在比海王星离太阳还远的地方公转。一般在讨论太阳系内的距离的时候，使用较多的是把太阳和地球之间大约 1 亿 5000 万千米的平均距离作为一个单位，称之为 1 个天文单位（AU）。一般地，把离太阳的平均距离在 30AU 以远，在海王星的轨道外侧公转的天体称为外缘天体。例如，作为外缘天体代表的冥王星，离太阳的平均距离是 39AU。虽然外缘天体中离太阳特别远的天体少，却也存在几个。由于海王星离太阳最近的时候是在 30AU 以上，离太阳最远的时候是在 150AU 以上，那就调查一下这个具有绝对无以匹敌的轨道的海王星天体的引力吧。不可思议的是，海王星离太阳的最近点都集中在某一区域，并且轨道的倾斜度有相似的倾斜。如果这只是由于偶然，那就怎么也不能考虑某位研究者提出的意见，该意见认为在离太阳 100AU 以上的区域，还没有发现行星的存在，由于引力的影响外缘天体的轨道是整齐一致的。这个就是第九行星的假设。有的研究者运用模拟技术，引入了第九行星的质量和轨道，根据 2021 年发表的论文，模拟的第九行星的质量是地球质量的 6.2 倍，轨道的倾斜度是与其他行星的轨道倾斜了 16°，因而计算出离太阳的距离为 300～380AU 的概率为最高。除此之外，如果要想仅仅使用望远镜去发现，由于距离太远，而人类的观测技术又只局限于预测近距离的物体，因而发现第九行星好像仍然需要时间。

对于冥王星，一直也存在许多讨论的声音。外缘天体的轨道的倾斜也成为假设的切入点，因为外缘天体本身的观测很难，因此只能去观测有倾斜的已知天体。实际上，2021 年，甚至有主张外缘天体轨道的倾斜"本来就不存在"的论文也发表了。这场论战的完结，还是只有等到发现第九行星吧。10 年之后，在各位的教科书上，也许太阳系第九行星就也被写了进来。到那个时候，让我们最先约定降落到第九行星看看吧。

请让我跳到太阳系第九行星上去吧。急切盼望中！

由于超极限的环境
被分解甚至成为等离子体

落到太阳上，会怎么样呢？

经历了30亿年以上的时间，时而温柔，时而严厉，一直照护着地球上的生命，这就是像母亲一样的星球——太阳。在你身边的所有生命，都依赖着太阳纷纷照射下的能量生存。

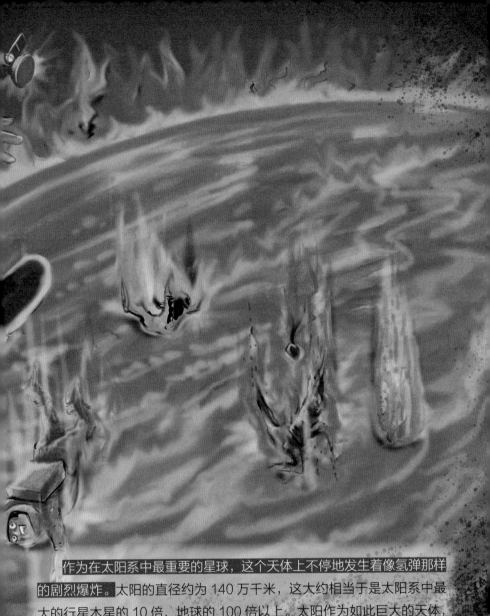

作为在太阳系中最重要的星球，这个天体上不停地发生着像氢弹那样的剧烈爆炸。太阳的直径约为 140 万千米，这大约相当于是太阳系中最大的行星木星的 10 倍、地球的 100 倍以上。太阳作为如此巨大的天体，假如人落到上面，会怎么样呢？太阳的内部展现出来的是什么样的景象呢？虽然在本书一开始，我们已经落到了木星、天王星上面，但只有这个太阳才是个严酷的拿着鞭子的"大老板"，请屏住呼吸开始下降吧。

))) 太阳是个严酷的拿着鞭子的大老板！
))) 落到灼热的太阳上试试看

　　刚开始，人只是向太阳靠拢就相当困难。接近离太阳 700 万～1000 万千米范围的时候，才是闯入可以称为太阳的大气层的日冕的开始。那里的温度是 100 万℃以上。

　　说起 100 万℃，就会产生像全部物质在一瞬间蒸发那样的印象，但是实际上，因为日冕中的粒子密度低，变成那样危险的状况还需要时间。与 70℃的洗澡水所马上造成的烫伤相比，进入同样是 70℃的桑拿房里，就不那么危险了。虽说这样，但是长时间地在日冕中停留还是有危险性的，只是因为这次你穿着"威严士套服"，所以暂时很安全。

　　从太阳发射出来的放射线，也和在地球上不能相提并论。尽管如此，因为有"威严士套服"，放射线对你也不会造成伤害。还是继续向太阳表面降落下去吧。随着接近太阳，也许能观察到在太阳表面发生大爆炸的太阳耀斑，与周围相比，看起来发暗的被称为"太阳黑子"的地方。

　　在被这样的情景吸引的过程中，你就渐渐接近太阳表面了。于是，发生了不可思议的事。随着与太阳之间的距离拉近，温度却低下去了。

　　离太阳表面高度 1.8 万千米的地方，温度仍有 100 万℃，但在距离 2500 千米的地方，温度降为大约几万℃。而且，随着接近表面，温度越来越低，最低的地方甚至能降到 5000℃。

温度、引力、压力……
全部都是超级的

　　就在这么下降的过程中，就到达作为太阳表面的光球了。这时候的温度大约是 5500℃。如果没有穿"威严士套服"的话，会在一瞬间蒸发，甚至被分解成等离子体。另外引力也很强烈，太阳表面的引力是地球表面的大约 28 倍。当然，这样的引力，人是不可能受得了的。

　　虽然称作太阳的表面，但实际上，太阳并不像地球那样有明确的地面。

　　在人类的眼里，能够看到的太阳表面，只不过是一个仅仅光通过不了的边界线。因此，你也大体上感觉不到什么阻力，照样地继续往太阳内部下降，经过了深度大约为 100～500 千米的光球，也就是对流层，进一步到达放射层。这时的温度超过 200 万℃，每下降一步，温度都会进一步上升。压力也被认为达到了大约 1 亿标准大气压。

　　会让你感到意外的是，放射层里面看起来漆黑一片。这是由于氢和氦的原子的密度变得非常高，光在照到眼睛里之前，因撞到别的原子上发生散射，所以到达不了你的眼睛。

　　超高温、超高压，再加上一片漆黑的灼热的地狱，持续绵延大约 50 万千米。如果"威严士套服"破损了的话，你会在一瞬间蒸发。现在的你，请不要忘记有效地利用"威严士套服"啊。

最终到达太阳的核！
无论何时都持续爆炸的核聚变炸弹

恭喜，你终于到达太阳的核了。在这个最深部位，温度达到 1500 万℃，压力超过 2000 亿标准大气压。另外，由于强烈的引力，这里的密度是 0.15 千克 / 米^3。顺便说一下，在地球上以重元素闻名的黄金，在这里密度只有 0.1932 千克 / 米^3。

在像这样极端的环境下，就连构成世界的原子都不是稳定的。在通常状态下，带正电的原子核之间相互接近，会产生强烈的排斥力，原子核就不会发生碰撞。但是在像太阳这样的恒星的核中，由于这个超高压和密度，原子核之间甚至会接近而发生碰撞。

因此，在现在的太阳的核内部，氢原子之间发生碰撞，最终产生了氦和极大的能量。这种被称为核聚变的现象，与人类制造氢弹的原理大体上是一样的。也就是说，太阳就好比是一个无论何时都持续发生爆炸的巨大的核聚变炸弹。

在太阳上，每秒钟大约消耗 6 亿吨氢，这相当于世界上全体人类使用能源的大约 100 万年的能量，被以光的形式释放出来了。尽管在这个世界里的物质是令人难以置信地凄惨，对它们来说这里是一个

极为可怕的地方，但是没错，正因为有了这个太阳的核，地球上的生命才诞生并繁荣起来了。

有一种学说认为，太阳的核中所产生的光，需要用大约 17 万年的时间到达对流层。如果是本来那样的话，光应该在 2 秒左右能从太阳的核到达表面，但是由于光与原子发生碰撞，一边发生散射，一边一点点地前进，这的确需要慢悠悠的时间。

在超过 1500 万℃的高温和在 2000 亿标准大气压的压力环境下，即使穿再多的"威严士套服"，也不知道会发生什么。

以上所述的落到太阳上的旅程，到此就结束了。请你尽早回来吧。如果慢悠悠的，就有可能被分解甚至成为等离子体。

这次登场与大家见面的 corona（日冕），与正在骚扰地球的 corona virus（冠状病毒）没有关系，所以不要误会哟。

被雷击打中的时候 保住性命的方法

在日本，每年大约有 50 万件雷击事件报告，其中，大约有百十来件成为雷击灾害，人、建筑物和基础设施等受到损害。

在这大约百十来件的雷击灾害中，大约有 40 件的雷击事件直接给人造成了影响。但是在日常生活中，被雷击打中的概率大约是 0.000001% 以下。仅看概率的话，就好像也可以不那么担心，但每年由于雷击造成了人的死亡，这倒是事实。

那么，万一在你没有穿"威严士套服"的时候，被雷击伤害到了的话，怎样保住性命才好呢？

电流分为在身体里流动的体内电流和在身体表面流动的沿面放电二类。因雷击事故而造成的死亡大部分是由于体内电流给人的内脏器官造成电休克，但是，要根据电流的大小和流过的时间多少，来看它是否导致心肺停止状态。人心肺停止的时候，有利用电休克来尝试让心脏重新开始搏动的治疗方法，但是这种治疗与雷击的电休克相反。雷击时发生的电休克是跳动的心脏由于电休克而停止。在心脏停止的情况下，如果马上施行心肺复苏法，就有可能救命，据报告，也有几个幸存下来的实际例子。关于因雷击而造成的死亡率，有各种各样的统计，30%~80%，甚至到 90%，幅度范围比较大。但无论哪一方面的统计，更多的统计声称直接雷击死亡的概率大约在 70% 以上。

那么如果遭到雷击，要怎样才能幸存呢？在 2006 年的日本急救医学学会全体会议上，国立医院机构灾害医疗中心和国士馆大学共同发布了因为遭到雷击而幸存的案例和死亡的案例。在大致同样的地方受到雷击的 2 个受害者，一个人幸存出院，另一个人死亡了，为此，科学家对相关的理由进行了研究。首先，2人由于同样的雷击受害，急救队到达的时候，2人都是心肺停止的状态，在急救送医院过程中，两个人都被施行了心肺复苏法。因为不可能准确地知道身体遭受的电流，所以医生们研究了皮肤上显示出来的电纹的扩展方向，以此方向来推测电的流向，但其结果是，从在幸存的1人身体上流过的电流方向上，能看到从放在口袋里的手机放电到外面的痕迹。也许正是因为手机导出了电流，幸存的人才没有受到致命的伤害。

　　当然，如果你认为结论是，在口袋里装入手机的话，遭到雷击就能幸存，实际上也并不是这样的。如果运气好，就有幸存的可能性。但是能够确定的是，如果遇上雷鸣的话，请逃进室内，老老实实地穿上"威严士套服"吧。

你曾想过被巨大的动物吃掉吗？如果想过，那你真是个奇特的人啊。那么为了满足你的愿望，我们结伴一起去周游"动物的假如"吧。

动物的

假 如

第2章

假如

把蟒蛇打成死结儿，会怎么样呢？

即使到了打成死结儿的程度，也被轻而易举地解开？！

体长约8.8米，重量约249千克，直径约30厘米——这不是电线杆子，而是大蛇，大蟒蛇。蟒蛇在南美洲密林里生活，平常在河流和沼泽地里藏身。成年的蟒蛇，岂止捕食鹿和水豚，甚至连鳄鱼和美洲虎，都可能成为它的猎物。

当然，人类也不例外，过去也有过人被蟒蛇伤害的例子。蟒蛇无毒，它会把捕获的猎物用强力绞杀，勒死后整个吞食下去。如果是很大的猎获物的话，消化有时需要几个月，即使那时候不摄入食物，它也能生存下去。

摄入食物之后，为了消化，它们不太会动弹。这是个机会。在这期间把蟒蛇打成死结儿怎么样？像打结儿一样缠绕它们的身体，它们会死掉吗？

))) 能自力解开死结儿，
蟒蛇的身体有什么秘密吗？

以往的经验是，你不能小看蛇。即使对蟒蛇实施麻醉并强行打结，蟒蛇也会一眨眼的工夫轻而易举地解开结的扣。如果在不实施麻醉的情况下，数人一起对成年蟒蛇下手，很可能遭到蟒蛇抵抗，就连这个结的扣儿都打不成。蟒蛇绞杀勒死猎物所产生的压力，就和在乘拥挤的公交车时，对人的胸部造成的压力一样。如果在下手时操作不好的话，你的身体反而会被勒住，应该会被蟒蛇囫囵吞下吧。

既然如此，为什么蟒蛇能轻而易举地解开自己身体上被打了结的扣呢？这秘密就在于蟒蛇惊人的身体构造。

应该首先特别指出的是，脊柱，是由脊梁骨构成的。人的脊柱包括，颈椎（脖颈的骨头）7个、胸椎12个、腰椎5个、尾椎（尾部的骨头）1个，共计有25个（数量也有时因人而异）。可是，蛇的脊椎只有体部和尾部2种，而且，数量甚至达到600个。由于这种构造，蛇的身体的所有部分都能弯曲。

另外，即使随意地改变角度或折弯身体，蛇的关节也不会松散脱落，这是因为蛇的脊梁骨有特殊的连接结构。连接人的脊柱的，是形状平坦的椎间盘。由于连接平坦，一个关节的弯曲角度就会有某种程度的极限。而蛇的椎骨，不但一端呈球状，另一端还呈插座一样的形状，并且椎骨之间有5个地方连接着。正因为如此，蛇就有了在水平和垂直方向自由活动的可能，并且在脊椎被过度扭曲的时候，可以防止神经受到伤害。由于有了这样的脊柱构造，蛇兼具柔软和坚固两个特点。所以，在蟒蛇被打死结儿的地方，关节既错位又解不开的情况不会发生。当然，如果是以让骨头脱落的强度来打死结儿，那就另当别论了。不过，让成年的蟒蛇脱臼骨折，还是相当困难的吧。

》》》 能制服蟒蛇的，只有另一条蟒蛇

顺便说一下，成年的蟒蛇几乎没有敌人，但自然界仍有能绞杀勒死它们的唯一动物。那就是别的蟒蛇。

2012 年，在巴西有一个这样的例子，约 7 米左右的巨大的雌性蟒蛇在交尾后，将雄性绞杀勒死并拖入草木繁盛的地方。虽然看起来这"爱"的力量也太强大了，但这种"爱"不是冲着对方是雄性，而是冲着肚子里的孩子和自己。雌性的蟒蛇，在怀孕和生孩子之前的 7 个月内什么都不吃，在这期间，雌性需要为了孕育孩子，消耗体重的 30%，而作为交尾对象的雄性，是怀孕中珍贵的蛋白质来源。除此之外，迄今为止，雌性捕食雄性的场面也发生过几次，对蟒蛇来说，这好像不是什么特别的事情。

结论是，在热带原始雨林里，人类作为软弱的生物，还是离蟒蛇远一点吧。

蟒蛇在吞下很大的猎物的时候，为了避免窒息，会把气管伸出嘴外，好像要从那儿吸入空气哟！

假如

蟑螂从地球上消失，会怎么样呢？

街上的垃圾增多，被帮助

受粉的植物也受到牵连？！

被人类所厌恶的蟑螂，现在正在为人类提供服务。中国山东省的厨房垃圾处理中心，饲养了大约3亿只蟑螂，实际上，它们在1日内，能够处理大约15吨的厨房垃圾。此外，蟑螂也可以作蛋白质饲料。中心周边的居民担心，蟑螂不会逃跑出来吗？但是根据该中心的说法，好像有不放跑这些"热情的劳动者"的办法。无论蟑螂打算怎样逃跑，如果攀登墙壁，就会被水喷射，如果落到水池里，就会被鱼吃掉。这是想要蟑螂"灭绝"啊！希望灭绝蟑螂的人应该也存在。那么，使用"威严士套服"的威力，去蟑螂灭绝后的世界看看吧。

⦀ 对厨房垃圾进行处理，对医学作出贡献
实际上，蟑螂们担当着重要角色

迄今为止，大约有 4600 种蟑螂被发现或记载。不过，被人认为是"害虫"的蟑螂实际上不到 1%。大部分蟑螂在森林里过着寂静的生活，人们几乎都接触不到。

把蟑螂当成害虫的话，在蟑螂灭绝之后的世界中，由于没有违背不想与它们遭遇的意图，人们不会感到不愉快。但很显然的是，住在城市"混凝土丛林"中的昆虫们，能分解都市的垃圾。例如，仅在纽约百老汇的一个地区，据说在一年当中，就有 1 吨左右的厨房垃圾，被野生的蟑螂等昆虫分解掉了。在没有它们的世界里，都市的垃圾与现在相比，可能就要增加了。

另外，在药理学、免疫学、分子生物学等领域的研究中，蟑螂作为实验动物，发挥了很大的作用。研究者贝鲁特·萨拉博士，根据对蟑螂的研究，开创了一门新学科领域：神经内分泌学。这项研究也发现，由于蟑螂的灭绝，会遭到多大损失的可能性。

更严重的是，你们没有看到在自然界里蟑螂的灭绝会产生多大的影响。实际上，森林的蟑螂，是死去的动物和草木以及粪便等出色的分解者。在亚马孙河流域，一年中落到地上的树叶的 5.6%，都被蟑螂处理掉了。在最新的研究中，已经弄清楚了，不仅仅是蟑螂，而且它体内的微生物也有助于保护地球的环境。它们正在承担这样的角色，就是把作为对于生物来说不可缺少的营养素的氮，重新返还到土壤中。如果这些功能失去

了，就会对植物生长必要的土壤造成破坏。不久，吃那种植物的在食物链上游的动物，也会受到很大的损害。

除此之外，在沙漠里，蟑螂也担当着重要的角色。在美国亚利桑那州南部生活的蟑螂，是一种被称为"丝兰"（yucca）的植物的花粉传播者。如果蟑螂灭绝了的话，丝兰就失去了"爱情的丘比特"，各种各样的花也会走向共同灭绝的命运。在热带，也有蟑螂在帮助种子受粉，这些各种各样的花也会一点儿不剩地"和虫子一起逝去"了吧。顺便说一下，我们知道，在日本森林里生活的蟑螂，对一种被称为"银龙草"的植物的种子，也起到扩散的作用。

最后，被称为"高品质肉"的蟑螂消失了，是个很大的问题。现在，蟑螂是爬虫类、两栖类、鱼类、鸟类、小型哺乳类动物的珍贵的蛋白来源。实际上，蟑螂的肉含有鸡肉近 3 倍的蛋白质。在支持着生态系统许多的珍贵的食物突然间失去的时候，动物、植物和昆虫的种类将骤减，最坏的情况是，多种生物都有灭绝的可能。

实际上，正式开始调查蟑螂在生态系统中具有多么重要的地位，是近期才开始的事。据说未分类的蟑螂，是迄今为止已发现的 3 倍。今后随着对蟑螂所发挥作用的研究不断增加，对遭到厌恶的蟑螂能给人带来恩惠这一点，明白的人也会增加吧。

顺便一说，即使蟑螂没有头，也能生存，但如果随着时间的流逝，就会因为无法进食而饿死。

假如

人通过无性生殖进行繁殖，会怎么样呢？

如果人类都是一卵双生儿（同卵双胞胎），一个人被打败，就全部被消灭？！

人类通过生孩子的方式繁衍生息。不过，目前看来人类男女结合养育下一代的这种方式，作为增加个体数量的手段，是效率比较低的。而在自然界中，使用一个个体产生出新的个体的所谓无性生殖的方法，让物种个体数量增加的生物，也存在很多。

因此，请你用"威严士套服"的威力改造人类看看，用无性生殖繁殖的新人类是什么样的。结果人类岂止都是兄弟姐妹，甚至已经全部变成一卵双生儿（同卵双胞胎，或同卵双生）。世界在变简单的同时，少子化问题也自然地解决了。这方法乍看起来还可以。但是，会不会存在什么问题呢？

⫼ 照理来说，人无法进行无性生殖，
⫼ 但是……

常见的用无性生殖[※1]增加个体数量的生物，一般是微生物，比如细菌的分裂。不过，多细胞生物、能从身体上掉下来的部分再生的"片蛭"（真涡虫属）和用人工插枝嫁接而增加的红薯和香蕉等，也有无性生殖的能力。使用无性生殖的繁殖方法，新产生出来的个体的遗传基因与母体具有完全相同的特征。虽然脊椎动物的无性生殖没有前例，但是也存在用所谓特殊的有性生殖，即用单性生殖可以进行繁殖的脊椎动物。如果举出例子，那就是鱼类的"钟槌鲨"、爬虫类的科莫多巨蜥和鸟类的火鸡，它们都被观察到过雌性产下的未受精卵孵化的情况。虽然它们的卵的构造不同，但却是和母体基因完全相同的个体，产生的克隆的结果是一样的。

然而，对于哺乳类动物，没有观察到单性繁殖的例子。哺乳类动物的基因本身携带了父母各自所传递的基因信息，如果父亲或母亲的基因不传递，也就不起作用了。由于这种被称为"基因复制"的构造，即使用单性生殖的方式让哺乳类的胎儿诞生了，胎儿也会马上死去。也有人把老鼠身上的与"基因复制"有关的基因人为地去除了，然后对单性生殖的可能性进行研究。如果不去考虑伦理方面的因素，也许人的单性生殖也不是不可能的。那这次就再向前擅自闯一步，借助"威严士套服"的威力，把人改造，让人能像细

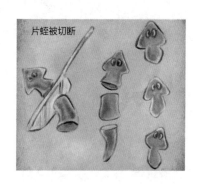

片蛭被切断

※1 无性生殖：分裂或出芽等，一个个体单独产生出新的个体的方法。

菌一样地分裂繁殖吧。被实验者当然是你。你能在无性生殖中集中地繁殖，而让别的人类消失。除此之外，你产生的数量也能增加，如果重复分裂下去，世界就是你的了。或者说，是你们的了。

现在的繁殖不需要男女双方而只需要你自己，对于在现代社会中疲惫的你来说，繁殖方法非常简单，会不会很舒服呢？你的全部基因，正在前所未有地、大范围地，被许多个体复制。并且，携带其他基因的生物并不存在。不过，你的天下估计不会持续那么长时间。无性生殖确实是高效率的繁殖方法，例如即使是通过无性生殖增加的细菌，在个体之间也会进行基因的交换，可见，无性生殖并不仅仅是通过不断克隆完成的。

而高等生物使用的有性生殖繁殖方法，能够产生具有更大优势的混合基因的后代。那么对于只能进行无性生殖的你，究竟会有怎样的悲剧袭来呢？

))) 如果复制失败的话，就要入地狱……
))) 此外，可能全部被一种疾病消灭

第一个悲剧是，有害的遗传基因增加并蓄积。你在分裂的时候，不能持续做到完美的复制。存在一定的概率会发生基因的复制失败的情况，有时正常的基因会被其他基因代替。如果代替的基因是有害的，也就是那种给生命活动带来不良影响的基因，并且，如果运气不好，那基因又传给了后代，最终全部的个体都持有那有害的基因的话……那就无法挽回了。虽然概率非常低，但是一旦发生的话，这现象就会像棘轮机构[1]一样地，

※1 棘轮机构：朝某个方向转，但朝相反方向不转的机构。

一旦转起来，就已经不能再转回来了。实际上，人为限制基因的交换造成单细胞生物中的有害基因增加，给生命活动带来了障碍，这种情况，正被不断地观察到。

而且，过去的人类曾陷入过与之相似的状况。曾经的皇室，有许多为了保持权威而让近亲者之间结婚生孩子的例子。其结果是，通过引进外部的基因来排除有害基因的构造不起作用了，一部分皇室人员积蓄了有害的基因，只能被这些基因所造成的疾病折磨。埃及的图坦卡蒙王被认为由于脚的畸形而步行困难。在另一个时期，就是在欧洲有着极大影响力的哈布斯堡王朝的末期，称为"哈布斯堡下颌"的咬合不正的症状成了常态化，哈布斯堡家族的孩子丢掉性命的概率，好像比生活水平有很大差距的贫困的农民更高。

如果曾经的皇室有接纳外部血统的"胸怀"，也许这悲剧就可以避免了。不过，在现在围成一大圈的克隆人当中，都携带着一个相同的基因，这个基因都只是你才有的基因。这样，一旦棘轮转起来，就再也转不回来了。这些基因会慢慢地侵蚀你的孩子们。

第二个悲剧是，经不起传染病等环境的影响。那些有害的细菌和病毒，只要你一个人感染上，你的后代紧接着大概率也会感染上。为你所特有的病原菌的诞生，只是个时间问题吧。

实际上在最近，与此相似的事，已经威胁到世界的饭桌了。日本人消费金额最多的水果——香蕉，就在经受这样的冲击。现在摆在一般家庭饭桌上的香蕉，因为是被称为"甘蓝纤维"的无种品种，只能以分株的无性生殖方式繁育后代，也就是说，摆在饭桌上的香蕉是携带相同基因的克隆产物。然后，这种香蕉感染了可怕的病，这就是 2010 年开始流行的新香蕉病，因此，恐怕香蕉将来就要从饭桌上消失了。你认为这夸张吗？在 1950 年之前，虽然名为"密实的轻赛艇"的其他品种香蕉占有了大部分香蕉市场，但是以其他种类的巴拿马病的流行为转折点，现在这种品种的香蕉大体上灭绝了。"甘蓝纤维"品种的香蕉，也许也在艰难地走向与此相同道路的终点。当然，虽然香蕉能繁衍出其他的品种，但是，你无法演化出代替你的人类。

因此，长期的繁荣需要某种程度的多样性，多样性是不可缺少的。那么，作为人类的你，还是不要采取无性生殖的方式进行繁殖了吧！

用无性生殖进行繁殖的家伙们，个个都长着一样的脸!! 真令人作呕!!

假如

让猛犸象在现代复活，会怎么样呢？

如果复活，将成为守护地球环境的英雄？！

在阅读本书的人中，不知道猛犸象的人应该不存在。那么，有人见过活的猛犸象吗？当然也没有吧。不过，在不久的将来，许多人可能会回答说"见过"。

　　猛犸象中最闻名的长毛猛犸象，在 30 万年以上的冰河期中，在北半球的大范围内阔步横行、任意而为。不过，大约 4000 年前，猛犸象的身影从地球上消失。其中的理由，尽管列举有人类的狩猎、气候变暖，以及作为稻科类植物的主食不再繁盛等，但至今具体的原因仍然不明确。

　　那么，已经灭绝的它们如果在现代复活，究竟又会发生什么呢？

⫸ 具有现实意义的
长毛猛犸象的再生计划

美国的生物风险投资企业"巨人"公司，于 2021 年 9 月，发布了所谓引入"冻土带"※1 让长毛猛犸象复活的计划。

复活猛犸象具体的方法是改变亚洲象的基因，因为亚洲象的 DNA 与长毛猛犸象的 DNA 在 99.9% 以上是一致的。理论上，在亚洲象受精后的卵子上剪下一部分 DNA，然后在空缺处插入长毛猛犸象的 DNA，这样杂交混合（hybrid）的长毛猛犸象就诞生了。听起来好像很简单，但是实际上并不是这样。作为 DNA 的基本单位的"碱基对"的数量，对于象来说，有 30 亿。即使两种象的 DNA 只有 0.1% 以下的差异，碱基对的量也大得出奇。

另外，从象体内将卵子取出，还没有成功的先例，也不能保证以后就能成功。因此，"巨人"公司的另一个思路是把象的一般组织的细胞返还成未分化的状态，让胚胎从这个状态上分化。这两个方向的研究也在同时并行开展。

此外，培育受精卵的场所成了最难攻克的难关。按通常的方法，应该把改编基因后的胚胎放回象的子宫，因为这样的培育方法比较稳妥。但是，亚洲象的数量很稀少，要准备建立形成猛犸象的象群那样规模数量的母象是不可能的。因此，"巨人"公司选择了用乙烯树脂制成的人工子宫来培育猛犸象。虽然在过去，有用人工子宫让羊和老鼠成长发育的例子，

※1 冻土带：地面一年到头冻结，变得像岩石一样的土地和地域。

但是，实际上成功"分娩"出新个体
却没有先例。而且，因为象的身体很
大，估计实现起来相当困难。

　　尽管如此，"巨人"公司的管理
层人员之一，遗传学家乔治·丘奇博
士，正在研究最初的"混合杂交猛犸
象"，如果早的话，成果将在6年后诞
生。如果这个雄心勃勃的计划万事顺
利，猛犸象群在现代诞生了的话，来看看会发生什么呢？

　　俄罗斯的生态学家塞卢盖伊·季莫夫博士发现，如果西伯利亚的永冻
土融化，其中的甲烷和二氧化碳等温室气体就会排放到大气中，因此他在
冻土带开设了"冰河时代公园"，并且把野牛等的大型草食动物带入公园，
把地面踩踏结实了。按照这种做法，因积雪内部的空气跑掉，地下的温度
下降，据说能预防永冻土的融化。不过，这个方案也出现了问题。大多数
带过来的动物不适应寒冷的温度，许多动物经受不住寒冷死掉了。

　　季莫夫博士因此得出了结论，猛犸象不但适应寒冷的气候，而且由于
体重很重，也很适合做踩踏这项工作。他和"巨人"公司之间制定了计划，
如果猛犸象复活成功，就把它们带到冰河时代公园。在冰河时代公园里，
静悄悄地把雪踩踏结实的猛犸象，并不是招揽游客的吉祥物，而是可能成
为守护地球环境的英雄。让我们期待今后的研究吧。

美国费城儿童医院的研究团队，在模仿子宫结构的
独立人工子宫系统"生物手提包"中，成功地让羊
正常地发育并早产了……

"假如"的
可能性等级

假如

被鲸鱼吞下去，会怎么样呢？

在4个胃里慢慢地被稀溜溜黏糊糊地溶化……

鲸类是已进入水中生活的哺乳类动物中最成功的种群。已发现有 80 种以上的鲸鱼种类，鲸鱼的生态也多种多样。作为世界上记录的最大的哺乳动物，白长须鲸（蓝鲸）全长 33 米，还有能够潜水 3200 米、

潜水时间达 112 分钟的抹香鲸（巨头鲸）。逆戟鲸和海豚们也是鲸鱼的伙伴。

　　鲸鱼伙伴们的饮食习性也是各种各样。大量地捕食浮游生物的是长须鲸，吸入海底的泥、滤取虾类的是滤食鲸，也有像座头鲸（驼背鲸）那样地制造气泡，把鱼关在里面捕食的鲸鱼。那么，假如这些巨大的鲸鱼把人吞下去了会怎么样呢？

战战兢兢地！
我们被鲸鱼吞了！

"接下来的瞬间，完全变得一片漆黑"。捕捉龙虾的潜水员麦克·帕卡多在美国马萨诸塞州的海上，被一条座头鲸吸入了进去。他拼命挣扎大约30秒之后，座头鲸在水面附近把他吐了出去。根据专家的说法，他并不是被袭击了，他只是"在不好的时间，在不好的地点，恰好在场"。对鲸鱼来说，如果为了吃鱼张开嘴的话，那么帕卡多不过是作为"异物"被混入了。虽然是意外被卷入的事故，但是人被鲸鱼不小心地吸入嘴里的事件，并不是第一次发生。

例如，2020年，在加利福尼亚海面上乘皮划艇的2位女性就进入鲸鱼的嘴里了。受害者之一的麦克莎丽说："刚在水面上见到大鱼的鱼群，鲸鱼就浮上来了。"一起被吞入的女性凯瑟琳说："太近了！正在这么想的瞬间，我突然浮了起来，进入水里了。"听说，她们连死亡的恐惧都感觉到了。不过，她们也从"鲸鱼的玩笑"中，马上被解放了出来。结果是，平安归来的2人，获得了惊险的旅行见闻。

另一个事件，2019年在南非，15年来一直做潜水旅游线路工作的拉依那，那天和同事一起去拍摄大群的沙丁鱼。拉依那回忆说："在打算拍鲨鱼闯进沙丁鱼群的地方，突然附近变得一片漆黑，感到了从周围施加来的压力。我马上意识到，我被鲸鱼给逮住了。"说这话的拉依那，后来也被鲸鱼平安地扔回到海里了。

饶有趣味的是，进入鲸鱼嘴里的人们，马上又被吐了出来。实际上，大部分鲸鱼的食道非常细，咽不下去人。例如，把帕卡多收进嘴里的座头鲸的喉咙，是像人的拳头那样大小的尺寸。即使在吞下大的猎获物的时候，充其量喉咙的直径也只能扩充到直径 40 厘米的程度。

虽然这么说，但是遗憾的是，或者说难得的是，从解剖学的角度来看，只有 1 种鲸鱼能把人囫囵吞枣地吞下去。这就是抹香鲸（巨头鲸）。如果遭遇到抹香鲸的话，能把身长 14 米的"方头大王乌贼"吞下去的抹香鲸，把人也吞下去也不是不可能的。那么，被抹香鲸吞下去的话，会怎样呢？别忘了穿着"威严士套服"再尝试。

万一被抹香鲸吞下去的话，会怎样呢？

在摇荡的冰凉的蓝色大海里，一个巨大的影子向正在休假中享受潜水的你接近过来。全长 15 米的抹香鲸突然袭击你了。

在成熟的抹香鲸的下颚上，长着 50 颗以上的、长度为 25 厘米的圆锥形的尖锐牙齿。太可怕了。你的身体会被咬烂吗？实际上，抹香鲸的上颚上并不长牙齿，而且未成熟的个体的下颚上也不长牙齿。另外也有关于生存着没有颚的个体的报告。虽然看起来是外表很残忍的牙齿，但可能不太会被用于咀嚼。即使你被咬了，可能也只不过就是意外擦伤的那种程度。

你在被吞下去之后，首先到达的抹香鲸的食道。因为外面的光照不到，所以这里一片漆黑，有手电筒的话请打开一下。你应该看得见这里有滑腻的、看上去有点发黄的白黏膜，正在把你的身体向胃的方向挤。不久你便到达了胃。呀，怎么抹香鲸的胃还分成 4 个呀。漫长的消化之旅开始了。第一个胃，被厚厚的肌肉覆盖着，是为了要磨碎胃里的内容物。跟先到达的"方头大王乌贼"的残骸一起，

你会被慢慢地碾碎吧。然后，接着是去第二个胃。在那儿，有就像在烤肉店看到的像蜂窝一样的网状箅子，覆盖在胃的表面。在箅子上，以非常高的比例，分布着分泌盐酸的细胞。你的身体应该在这儿长时间地被以盐酸为主要成分的胃酸消化。

你被溶化剩下的渣滓，好不容易才走到的地方就是第三个胃。在这儿，你会被比刚才稍微弱一点儿的肌肉的力压缩，并被胃酸消化。这之后的第四个胃里也是同样的，蛋白质被彻底地溶化。就这样，好不容易才走到小肠的时候，你已经面目全非、不成样子，成为"营养"被抹香鲸吸到体内了吧。最后，你还没有被吸收的骨头等残骸，从抹香鲸的肛门被排放到大海。这次是由于穿着"威严士套服"，所以没有被溶化，请从抹香鲸的肛门爬出去吧。

按照以上所说的，一旦被抹香鲸吞入的话，生存的概率几乎是没有的。那么，在这之前，能不能按照动漫里常见的那样，从鲸鱼喷水的地方逃出来呢？还是考虑寄托一丝最后的希望看看吧。所谓的喷水是鲸鱼从被称为"喷气孔"的鼻孔排出空气的现象。左边的鼻道直接与喷气孔相连接，

但是非常狭窄，人是不能进入的。另一方面，右边的鼻道宽度大，如果幸运的话，人也有可能进入里边。不过，右边的鼻道是与叫作"前庭囊"的器官连接在一起，它的前端以非常细的管与喷气孔相连接。因此，是无法从这儿出去的。还有就是如果在进入鼻道的时候，正好是鲸鱼吸气的一刹那，就会被强拉返回到鲸鱼体内的最深处。

所以最有效的方法，就是不被吞下，或者穿上"威严士套服"吧。

顺便说一下，在抹香鲸的肠子里边，有时会存在被称为"龙涎香"的珍贵结石。据说这种结石是被用来作为香水原料的，过去按照与黄金相同的价值来进行交易。如果你能活着归来的话，请别忘记把它作为礼物带回来。

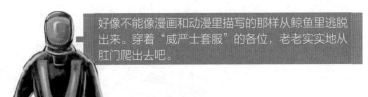

好像不能像漫画和动漫里描写的那样从鲸鱼里逃脱出来。穿着"威严士套服"的各位，老老实实地从肛门爬出去吧。

假如

被鲨鱼咬了，会怎么样呢？

被袭击的时候即使被咬了，也只是咬一下就丢掉了？！

现在发现的被认为是最古老的鲨鱼的鳞的化石，是起码在4亿5000万年前的被称作奥陶纪的那个时代结束时的化石。那个时代比恐龙开始出现要早2亿年以上。在奥陶纪以后，鲨鱼得以繁盛，并从被称作地球历史上的5次大灭绝中生存下来。在这些大灭绝当中，也包含着在白垩纪末的大部分恐龙的灭绝。

　　自古生代开始就已在生命史上出现的，与祖先形态相比没有很大变化的鲨鱼，一直以来被称为"活化石"。

　　不过，近年来的研究发现，现在的鲨鱼与几亿年前的鲨鱼相比，也有一部分得到了很大的进化。既然鲨鱼是如此的神秘，这回就来看看，假如被鲨鱼袭击了的话，会怎么样呢？

))) 对鲨鱼来说人的味道不好吃？
如果被尝上一口的话，就是致命伤……

在鲨鱼中，对人来说最可怕的是白颊鲨鱼，它具有身长 6 米、体重超过 2 吨的巨大身躯。在人被鲨鱼袭击的事故中，有 1/3 以上都是由白颊鲨鱼所造成的。白颊鲨鱼牙齿有 300 颗以上，尖牙的边缘像小刀一样，呈锯齿状。由于拥有这样的牙齿，白颊鲨鱼一下子就可咬断 14 千克的猎获物的肉。白颊鲨鱼在热带、温带分布较广。

现在，你正套着救生圈在大海上漂浮着。忽然间你醒过神来，发现好像陆地已经离得很远了。奇怪的是，海边的人们在用手指着你的后面，吵吵嚷嚷、一片慌张。你回头看去，在远处有一个三角形的脊鳍……很明显，是白颊鲨鱼。你好像必须要开始冒死逃命了。无论是一边喊救命，还是一边在海面上啪嗒啪嗒地游着，都无济于事了。白颊鲨鱼的最高速度是 50 千米 / 小时。如果是游 100 米的话，以这个速度，都不需要 8 秒。而另一方面，100 米自由泳（在单程 50 米的游泳池里）的世界纪录是 46.91 秒。这只是白颊鲨鱼速度的 1/5 以下，所以你即使是世界顶级的游泳选手，也最好不要在水中的比赛中向它们挑战。

在这种情况下，必须首先想到不能让鲨鱼兴奋。白颊鲨鱼用耳朵及身体侧面的被称为侧线的器官去捕捉水中的振动，探知猎获物在什么地方。鲨鱼在远处的时候，你要尽可能安静地在大海上静下心来游泳，这是上策。这样回头一看，令人毛骨悚然的三角形"里脊肉"消失了。但这时也不能掉以轻心，据说白颊鲨鱼的狩猎方式是，在深水里潜水，从海面上的猎获物的正下面，一口将猎获物咬住。在这种情况下，你是不可能逃走的。突然，你的脚上感到一阵的剧痛。<mark>这是像无数的小刀刺透你的脚那样的痛。</mark>一下子，你的鲜血染红了海水。据推断，白颊鲨鱼的咬合力约为每 1 平方厘米达到 280 千克力（2744 牛顿）。鲨鱼那强有力的颚，也发生过咬住人的脚将其从躯体上撕下来的事件。如果要是变成了这样，就已经不能是一动不动地呆着的时候了。总之是要挣扎着横冲直撞地奋起反击的。白颊鲨鱼的眼睛没有眼皮，神经都集中到鼻尖上。如果鼻尖上纤细的组织有损坏，就有停止攻击的可能性。你由于剧痛扭动身子折腾着，如果踢到鲨鱼的鼻子让鲨鱼鼻子不灵了，鲨鱼的身影可能不久就会消失。本来白颊鲨鱼的猎物应当是海龟和海豹，<mark>人不是鲨鱼的食物。即使在现实中发生了人被袭击的事故，鲨鱼也就是为了"尝味道"，咬了一口后，很多也就停止狩猎了。</mark>尽管如此，被咬过的人一般还是会受到重伤的，但事故中好像只有 1/5 左右造成了死亡。那么，感谢命还在，趁还没有被死神缠住之前，赶快返回海滨吧。

也有研究表明，在鲨鱼造成的事故中，丢掉性命的概率是几百万分之一。对鲨鱼来说，人好像不是什么美味。不过，如果鲨鱼的生活环境和资源被剥夺了，鲨鱼就不得不袭击人了。实际上，发达地区的鲨鱼事故在增加，由顽强的鲨鱼攻击所造成的事故在连续发生，不寻常的状况正在出现。所以说，守护鲨鱼栖息的大海，与守护人的生命也是息息相关的。

虽然鲨鱼的种类有 500 种以上，但袭击人的鲨鱼只有 30 种左右，并且这种意外好像很少哟。

被霸王龙敏锐的嗅觉紧跟着追赶，被30厘米的牙齿咬碎

假如

被霸王龙咬了，会怎么样呢？

不用说也能知道，史上最强的猎手，就是雷克斯霸王龙（*Tyrannosaurus rex*）。这名字的意思是"君王暴龙"。不过最近，你有没有看过全身覆盖着羽毛的"巨大的火鸡"一

样的插图上的霸王龙呢？另外，还有一种说法，说霸王龙不擅长狩猎，专
门找尸体食用。恐龙国王像鸟妖怪一样地玩弄尸体，那已经就不再是孩子
们心目中的英雄了吧。这些果然真的是"曾经的英雄"的真面目吗？根据
近几年惊人的研究，恐龙的样子和生态正在大大地变化。这次要验证一下
"最新复原图的暴君"，如果它发动袭击的话会怎么样吧。

有关霸王龙的传说，哪个才是真的？

首先，看一下为什么最近在插图上霸王龙开始长羽毛了。这答案在于霸王龙祖先的化石。

2004 年，在中国被发现的"帝龙"是一种小型肉食恐龙，相当于霸王龙的祖先。在它的化石上，羽毛的痕迹被留下来了。此外在 2012 年，发现大型的原始霸王龙的伙伴，"乌暴龙"也有羽毛。由于这些发现，得出的结论是，进化得更加完全的霸王龙长有羽毛的可能性很大。

而在实际的情况中，霸王龙身上是不是还有羽毛呢？实际上，霸王龙的身体的大部分是被鳞覆盖的说法，现在更有说服力。对一如既往喜欢过去印象里的暴君龙的人来说，这是个好消息吧。这个说法来源于从成年霸王龙的化石中，找到了鳞状皮肤的痕迹。顺便说一下，对于小霸王龙来说，为了保持体温，以及对周围环境做出伪装，有全身长羽毛的可能性。

那么，说霸王龙是专门找食尸体的，这又是真的吗？这个说法对恐龙粉丝来说也相当熟悉，但现在，霸王龙进行狩猎的意见占了主流。作为"找食尸体的专家"这一说法的依据，是源于一些外形上的例子，比如霸王龙前腿极小，眼睛小，牙齿就像顶端有齿的"牛排餐刀"一样，适合切碎尸体。

不过，根据从同时代的食植物的恐龙身上找到的受伤后痊愈的痕迹，发现这伤是由霸王龙造成的，就证明了霸王龙是积极地袭击活的猎物的。

在近几年的研究中还了解到，霸王龙的伙伴与其他肉食恐龙相比，脑中掌管嗅觉的部分较大。这就可以表明，霸王龙不是依靠视觉，而是依靠非常灵敏的鼻子，在夜里进行狩猎。

这是怎么回事儿？稍不留神，就会被霸王龙查清我们住的地方。那么，如果被霸王龙袭击了，会怎么样呢？

))) 虽然是未成年的个体，却有着意想不到地跑得快的脚？！

现在是中生代白垩纪的某个时候，你正在闷热的黑暗中一个人伫立。在地面上，植物郁郁葱葱，非常繁茂，还有一些看上去不太眼熟的树也稀稀落落地在附近生长着。你已经热得出汗了吗？这可是非常坏的前兆。它们，因为鼻子灵敏，所以……

说曹操，曹操到。不知不觉地，从背后的森林里，一个令人毛骨悚然的大影子接近过来了。你好像早就被发现了，逃跑吧。但是，你正要开始跑的时候，一个全身覆盖着羽毛的、身长7米左右的小霸王龙从森林里跳了出来。

成年霸王龙奔跑的速度，估计最高也就是时速 28 千米 / 小时左右。这就是说，如果是跑 100 米的话，需要 13 秒左右。只要你对自己的速度有自信，也许能成功逃脱。

不过遗憾的是，像现在正在追过来这样的未成年的个体，被认为是脚的大小和它的身体相比正相反，脚占身体的比例更大，比成年的霸王龙要跑得快。即使你是一个田径运动员，也可能难以逃脱。你和追兵之间的差距眼看着越来越短。但是请放心，为了不让你就那么简单地被抓住，这里还准备着四轮驱动车呢。如果进入车内的话，就可以开动发动机，踩下油门，把霸王龙远远甩在身后。

))) 咬碎猎获物的每一根骨头，难以置信的超强强度的牙齿

黎明。突然，从前方树的背后，一个巨大的影子跳了出来，撞到你的车上，四轮驱动车被撞翻，四轮朝天。恰好正对着空转的轮胎，一个全身被鳞覆盖着的、全长 13 米、体重 8 吨的成年霸王龙耸立着。虽然没有事先告诉你，但是按照近几年的一种学说观点，霸王龙有成群狩猎的可能性。采取的方法是小霸王龙撵着猎物，成年的个体捉住猎物的狩猎方式。

这下子你被彻底打败了。就这样，赛跑比赛结束了。但无论你怎么在车里一动不动地待着，也不能蒙蔽它们的嗅觉。兴奋的霸王龙会把车咬住。估计霸王龙的咬合力在 3.5 吨以上。由于强韧的颚和头部的肌肉，车会被咬成坑坑洼洼的空洞吧。

如果你想勉勉强强地向黑夜那边逃命，请不要这么做。它们敏锐的嗅觉的传感器，能马上察觉你跳出车外了。转瞬间，排列着 58 颗牙齿的巨大的嘴就会向你逼近。霸王龙的牙齿，如果连根都包含在内，是长度 30 厘米而且非常厚实的牙齿，所以，能咬碎猎获物的每一根骨头。尽管很遗憾，但是整个比赛结束了。你的身体被咬成大小适合的一块儿一块儿的样子，容纳在那暴君的胃里。至此，白垩纪的冒险也结束了。

今后，在中生代的荒野中散步的时候，不要忘记穿上"威严士套服"。因为它要比四轮驱动车坚固。

托"威严士套服"的福，活下来了。只有"威严士套服"才能赢哟。

误入四维空间的时候幸存的方法

一维，那是用无限细的一根线做成的世界。二维，那是由纵向和横向的平面形成的世界。三维，那是存在着纵向和横向以及与纵横两向垂直相交的高度方向的世界。三维空间对你们来说是非常熟悉的世界吧。那么你认为四维是怎样的世界呢？理所当然，住在三维的你不好想象。这次，特别地把你的"威严士套服"的威力带到四维，那么，你在四维空间要如何幸存呢？

首先，介绍一下四维空间是怎样的世界吧。它的构成并不复杂，前后、左右、上下三个方向全部垂直相交，再加上其他的线就行。听起来很简单，但对生活在三维空间的你来说，理解起来并不容易。

闯入四维空间的你，最初会发现，就连日常生活的内容你也全部都能看得到。衣橱里面的东西和应该关得严严实实的保险柜，就连甚至谁的身体内脏的所有一切的内容也都能同时放眼望去。初次看到这种情景，你的脑子应该很难理解吧。加之，在四维世界里，与在三维世界里看待事物的方式不一样。举例来说，在三维世界，你的重要的东西即使在前后左右的方向都堵塞把守住了，但是如果从上面伸手，也是可以拿到的。

同样，在四维空间，即使是前后、左右、上下都被堵塞，但是如果从第四个方向伸手的话，也能把它拿出来。像魔术一样，任何保险柜里面的东西都有被偷出来的可能。你可能认为自己获得像神一样的能力了，刚要高兴，但对不起，还是不要在四维空间内久留。你很容易丢掉性命的。

为什么会这样？请想象制作肥皂泡那样轮胎状的玩具。

如果给它打气，轮胎状的内部张拉，肥皂液被撑开，形成肥皂泡。那么，在四维空间，把这个替换成你一下。轮胎的主体是你的皮肤，张拉的肥皂液是你的内脏。如果在四维空间刮风，你的内脏就会被撑开，漏到你身体之外去了。你的身体也和保险柜一样，即使在三维中是完全封闭的，但在四维空间中始终开着缝儿呢。

既然如此，对待这个四维空间的方法，幸存的方法只存在一个，就是，穿"威严士套服"！哎？！不穿你的"威严士套服"就来四维空间了吗？为什么没有好好地准备一下呢？！

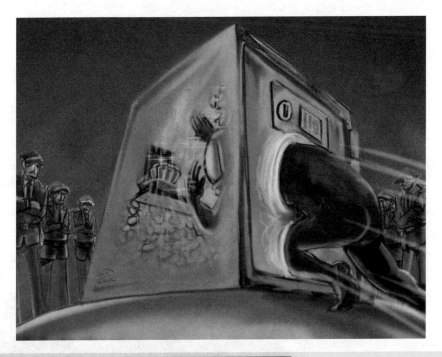

地球的

假如

与人类一样，如果与宇宙比起来，地球似乎也没有什么出奇的，有无皆可。然而，这个直径约 1.3 万千米的蓝色小星球一直充满着浪漫的故事。来吧！一起去亲身感受"地球的假如"。

第3章

假如

整个地球变成黄金，会怎么样呢？

地球上所有的一切，以数万千米的时速落下，摔到黄金的大地上的'地球表面将化为数万摄氏度的灼热的大地

自古以来，人类对黄金都显示出特别的迷恋。决不褪色的黄金闪闪发亮，与黄金的稀少性相得益彰，让许多人为之倾倒。在地球上，作为珍贵的黄金，它的由来有两个说法，即来自中子星的碰撞和超新星的爆炸，直到 2023 年的现在，好像还没有定论。

不过，如果有"威严士套服"威力的话，那么以超过中子星碰撞和超新星爆炸这两种现象的效率来创造黄金，是有可能的。

真的好气派呀，整个地球要变成相同质量的巨大的黄金块了。非常喜欢黄金的地球人也一定特别高兴吧。

地球从蓝色的星球变成金黄色的星球，环境会变成什么样子呢？

))) 以为再也不能开采
))) 物以稀为贵的黄金了

在现在的地球上，黄金非常珍贵，但地球上实际的黄金总量大约有多少呢？据估计，到 2021 年，人类开采的黄金总量累计大约为 201296 吨。这是个极为巨大的量，但如果假设这些黄金都集中到一个地方，成为边长为 21.8 米的立方体，就相当于游泳竞赛用的游泳池的 3/10 或 4/10 吧。人类花费数百万年开采的黄金总量最多也就只有这些。

另一方面，2021 年的每 1 千克的黄金价格，是在 589 万~684 万日元之间变动，如果按 1 千克平均为 637 万日元（约 33 万元人民币）来估值，那么世界黄金总量的价值就是大约 1282 兆日元（约 66 兆元人民币）。在眼下，仅仅是被开采的黄金量就达到了这么高的价格，想象一下，如果地球本身变成黄金，那人们会激动得要脑出血了吧。

另外，科学家认为用现在的技术，在可开采的限度内，黄金的蕴藏量仅约为 53000 吨，所以担心黄金会枯竭。黄金是稀少的物质，被认为在地球地壳的每 10 亿千克中，平均只包含 1~5 千克左右。不过，作为重元素的黄金，在地球的深处、特别是在地下超过 3000 千米以上的核的内部，存在得比较多，预测如果把在地球内部存在的全部黄金都收集在一起，就会膨胀出达到 1500 兆吨的量。

虽然这么说，但是因为地球的质量是大约 60 垓吨（"垓"为数量名。十兆称为"经"，十经称为"垓"），好不容易收集到的黄金仅是地球质量的四百万分之一。因此，现在请"威严士"出场。如果有"威严士套服"

的威力，那么把地球的全部质量都转变为黄金，就能轻而易举地做到，这样，全人类发大财的欲望不就实现了吗？

⟨⟨⟨ 黄金哗啦哗啦地出现！
但是地球变成了走向死亡的行星？！

　　因为地球的半径约为 6400 千米，所以如果计算平均密度，就是约 5.5 克 / 立方厘米。与此相对应，黄金的密度是 19.3 克 / 立方厘米。如果把地球质量全部都转变为黄金，简单地计算一下，地球的半径就变成了 4200 千米。不过，在假设整个地球都由黄金构成的情况下，地核附近密度变高，实际行星的半径应该变小。实际上，现在的地球，它的核主要是由密度为 7.9 克 / 立方厘米的铁所构成的，但核里的密度也被认为变成是大约 13 克 / 立方厘米。

　　因为尚不清楚在地球中心附近的超高温超高压状态下，黄金会具有什么样的物理特性，所以做正确的计算比较困难。现在的地球在中心的压力大约 360 万标准大气压，在室温附近把黄金置于 360 万标准大气压的时候，从黄金的密度变成约为 30 克 / 立方厘米的数据来看，推断整个成为黄金的地球的平均密度为 25 克 / 立方厘米。这样一来，新的地球半径就变为 3900 千米，这大约是现在地球半径的 3/5，大约减

少了 2500 千米。

　　也就是说，如果地球的全部质量变成黄金的话，那么在地球表面上，没有变成黄金的那些物体将全部开始落下 2500 千米。这其中也包括人、其他生物、大海和大气。待到那时，这些东西能以每小时数万千米的速度下落摔击到黄金的大地上，冲击所产生的能量造成了黄金的地球表面达到了几万摄氏度，所以地球在一瞬间就变为走向死亡的行星。这样，无论从行星上得到了多少黄金，如果推销黄金的人在超高温中被物理蒸发了的话，那真可谓是捧着金饭碗也讨不成饭了吧。

　　还是用"威严士套服"的威力来消除下落摔击到黄金大地时的能量吧。这样，地球表面就不会变成一幅地狱的图画，人们仍能得到 60 垓吨的大金块。在这种情况下，又会发生什么呢？

　　首先，因为地球的质量不变，但半径变小了，地球表面的重力增加了大约 2.7 倍。因为还达不到在本书后面出现的假设重力变成 10 倍那样的情况，所以，如果是在平时经常锻炼的人，还能够勉强动弹吧。此外，因为和月亮的距离，还有和其他天体的距离没有发生变化，所以没有必要担心会发生碰撞。另外，与花样滑冰选手把胳膊收回并聚拢到身体上使得旋转变快的道理是一样的，质量保持不变，但半径变小的地球也同样会自转加快，因此不到 9 个小时，1 天就结束了。这就造成了全部生物体内的生物钟被打乱了，最初可能会感到很烦恼，但是，也不是完全不能适应吧。

　　然后，原以为总算全人类发了大财，可就是在这儿反而出了大问题。也就是说，既然在哪儿都能开采出黄金，那黄金也就不值钱了。有一个说法，叫作"物以稀为贵"，所以说从一个侧面也反映出，人类看重黄金的价值，是因为黄金稀少。

说起价值，在现在的地球上并不稀奇的物质，反而变得更珍贵了吧。铁、硅和铝等等，因为在现在的地球上并不稀奇，所以价格不高，但这些物质正在各个方面支撑着人们的生活。而黄金比铁软，并且黄金既不具有像硅那样的适合用于半导体的性质，也不像铝那样的轻。可以想象，地球上充满了闪闪发光的黄金"垃圾"，所有的发展都停止了。

此外，如果地球由全部同样的物质构成，其结果就是可预计的"地质板块构造学说"[1]中所说的板块构造作用将大幅减弱。研究者认为，板块构造作用是生命赖以存在所必需的。板块构造所起到的作用包括对大气中的二氧化碳量的长期控制，和向大海中的生物提供铜和硒等在生物体内存在的不可缺少的微量矿物营养素。也就是说，即使发生了地球由全部同样的物质构成的这种情况，黄金的卖主也会有马上死掉的可能性。

乍看起来似乎很好的改变，结果却完全事与愿违。非常遗憾，在变成了垃圾金块的地球上，生命完全灭绝，金黄色的死亡的地球行星就要这样绕着太阳一直公转下去了。

※1地质板块构造学说：关于覆盖在地球上的板块变动的物理过程的学说。

如果本应该稀少的黄金在日常生活中多得到处泛滥了，那也就失去价值了。真正的价值，由你的灵魂来决定！

假如

从日本到巴西挖个洞跳下去，会怎么样呢？

从日本到巴西可能仅用38分钟？！

从日本到地球背面的国家巴西的距离是最远的，换句话说，在地球上离日本最远的国家是巴西。日本和巴西的距离大约是2万千米。现在从日本去巴西要乘坐飞机，虽然是最快到达目的地的手段，但无论经过哪条路径，也需要24个小时以上。不过，这是沿地球球面移动的结果。如果从地面一直往下挖，挖通一个按直线连通的洞，那么两地的距离就能缩短，然后靠自身的重力，也许能在转眼间实现移动。的确是个梦幻中的技术。你还等什么，不想试试看吗？那么穿上"威严士套服"，尝试一下看看吧？这么做的话，会顺利吗？

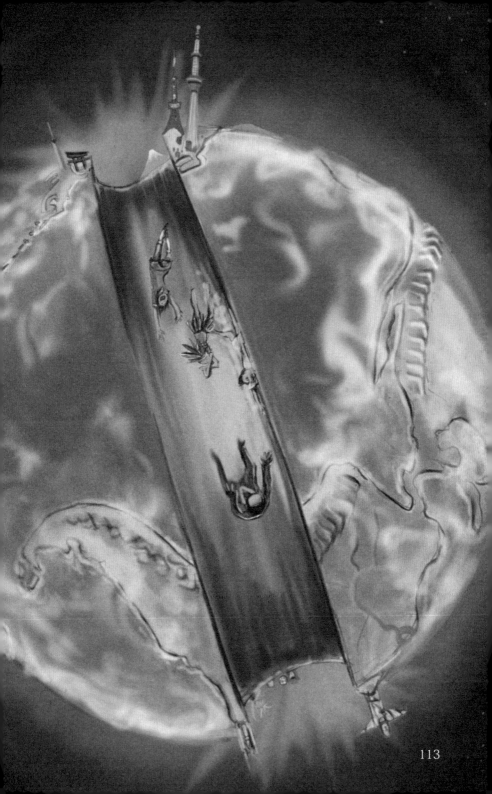

))) 向前挖洞！
下降到巴西，开始

那么，马上就朝正下面挖洞吧，一直挖下去。首先往前挖地壳、地幔、外核、内核，一直往地球中心挖。然后，从中心那儿，再按相反的顺序探索着往前挖，一直挖到巴西的地面。好像能顺利地挖通长度大约13000千米的洞。不愧是"威严士套服"，即使是这么复杂的工程也能轻而易举地完成。而实际上，在中心温度5200℃、压力360万标准大气压的超严酷的环境中挖洞，而且还要维持这个洞不发生塌方，已经是相当艰难的工程了。

接下来，先提醒你不要撞到洞的墙壁面上，要意识到，只要直接跳进去就行，那样就一定能最终到达巴西。那么，跳进去看看吧。1、2、3、发射！正如瞄准的那样，即使最初什么都不做，也会朝着巴西渐渐地加速。你被地球的重力吸引着，向洞内一直落下去，以为这样就能到达巴西了……就这么想着，东面的墙壁却正在渐渐地逼近过来了。但是，这对你来说无可奈何，你要以将近100千米/小时的速度，或者还要超过这个速度，在用完全烧热的石头做成的宛如礤（cǎ）菜板儿（礤床儿）一样的墙壁面上使劲儿地擦过。如果没有穿着"威严士套服"的话，还是有点儿疼吧？

究竟发生了什么呢？这现象是由于"科里奥利力"（或称"柯氏力"）而产生的。地球上所有的物体，在地球自转轴的周围以相同的速度旋转，例如，在东京是以时速约1350千米的速度朝东旋转。不过，在地球的内部，因为旋转的半径小，转1周的距离短，与地球表面的相比，自转的速度变慢了。你开始落到洞里的时候，朝东的速度和地球表面的相同，随着你闯入地球内部，不但是看上去，而且是确实产生了使物体横向移动的横向力，使你撞在洞壁上。

))) 调整自转轴来解决！不过，为什么加速反而又变成恒速了？

要解决这个问题，必须改变自转轴本身。如果调整地球的自转轴，把自转轴变为日本和巴西的连接线，就可以不必担心"科里奥利力"了，应该就能到达巴西了。在这种情况下，至于因改变地球的自转轴而发生的天翻地覆（如山崩，地裂，洪水等），就干脆闭上眼睛或视而不见吧。这与能快速到达巴西这个目的相比，改变自转轴只是一个非常小的代价。

如果自转轴的调整结束了的话，就再跳进洞里吧。如果没有必要担心撞到洞的墙壁的话，你将渐渐地加速，去你想要去的地方，但是，加速渐渐减弱，不久，速度变得恒定。这个恒定的速度，如果假定洞里的气压和地球表面的相同的话，就是约为 200 千米 / 小时。这是因为，空气阻力同速度的 2 次方成正比，地球的

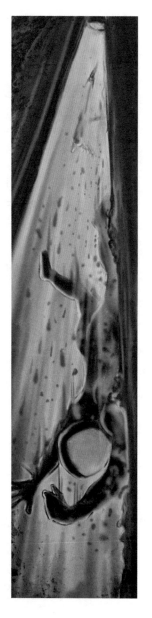

重力无论怎么强烈地向下拉你，也会由于空气阻力太大，使得你加速到不超出 200 千米 / 小时的速度。就这样，你是不能到达巴西的。在进到地球半径的一半左右距离之后，地球的重力逐渐变弱。虽然说重力和物体的质量成正比，但如果你落到洞里的话，在你头顶上的已经经受的那部分的地球质量越来越多，就会产生越来越多的朝上的重力作用在你自己身上，也就是说，你受到的朝下的重力会变弱。

到达地球中心的时候，从各个方向作用的重力合在一起互相抵消，你会完全失重。如果从中心继续向前进，那么这回反方向的重力就开始起作用了。你以时速大约 100 千米的速度，好不容易才到达地球的另一侧，就马上停止运动，又回头朝向地球中心掉下去。在这种状况下，就像衰减的振子一样，在地球内部做几次往复运动后，你会在环境像地狱一样的地球中心停下来。

⦀ 没有空气阻力的话，用 38 分钟到达巴西！

即使在这种情况下，也不要放弃。要解决这个问题，放掉洞里所有的空气，把空气阻力去除掉就行。那么，放掉洞里所有的空气，再跳进洞里吧。因为这次阻碍加速的空气阻力没有了，所以到达地球中心的时候，速度会变成 35000 千米 / 小时。在穿过地球中心之后，你的速度会慢慢减下来，在到达巴西地面的时候，速度降为 0，也就是说，静止下来。花费的时间，考虑到地球内部密度的变化，大约用 38 分钟。也就是说，如果能抓住时机的话，从日本到巴西仅用 38 分钟，而且，不使用燃料也能移动。

　　顺便说一下，如果从日本向澳大利亚和美国挖洞，然后跳进去，由于受到的重力方向是斜着的，移动就变成了在洞的墙壁面上滚转的移动。

　　假设没有摩擦，那么到达任何地方所需时间都是大约 38 分钟。虽然通常认为距离短，所需时间应该变短，但是因为在正下面时，上下两个方向作用的重力趋于接近，加速变小，使得这两个影响合在一起正好抵消，所以可以认为，无论跳入地球哪两个地方连接的洞，移动所需的时间几乎都是不变的。

　　到此，复习一下吧。要想从日本到巴西仅用 38 分钟的时间，首先要在地球挖一个直线状的洞，接着把这条直线调整为地球的自转轴。然后尽可能地把洞里抽成真空。当然不用说了，还要开发能经受住地球内部高温和压力的超级套服。如果需要的话，请购入"威严士套服"。

哎？作为读者的你，还没有"威严士套服"吗？

几乎全部人类在一瞬间昏过去，人类马上灭绝

地球的重力变成 10 倍，会怎么样呢？

提起"威严士"，就想起下落。提起下落，就想起"威严士"。按照这个格言所说的那样，"威严士"可以在各种各样的天体和秘境中下落。而且可以说，"下落"行为本身，就是因为有重力才实现的。

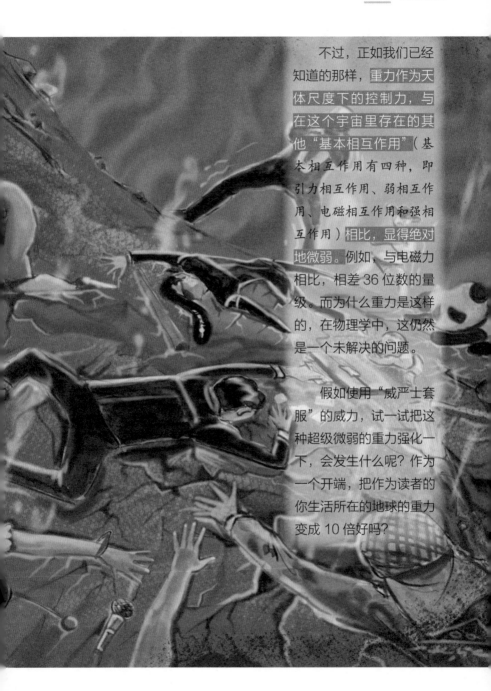

不过，正如我们已经知道的那样，重力作为天体尺度下的控制力，与在这个宇宙里存在的其他"基本相互作用"（基本相互作用有四种，即引力相互作用、弱相互作用、电磁相互作用和强相互作用）相比，显得绝对地微弱。例如，与电磁力相比，相差 36 位数的量级。而为什么重力是这样的，在物理学中，这仍然是一个未解决的问题。

假如使用"威严士套服"的威力，试一试把这种超级微弱的重力强化一下，会发生什么呢？作为一个开端，把作为读者的你生活所在的地球的重力变成 10 倍好吗？

全体人员昏过去是不可避免的
这是一个 10 倍重力的恐怖世界

那么，把地球的重力放大到整整 10 倍来看看吧。方法有两个，地球的质量就这样保持着不变，收缩地球，或者地球的大小就这样保持着不变，增加质量。不过，因为这回很难得能够使用"威严士套服"的威力，所以，地球的大小和质量都没有改变，而是把地球的万有引力常量限定为 10 倍。在这种情况下，地球的环境会发生怎样的变化呢？

在地球的重力变成 10 倍的数秒之后，几乎所有的人都昏过去了。请想象一下吧：心脏把血液输送到你的脑中，而心脏的位置是在你的脑的下面，因此，心脏为了把血液输送给脑，必须要克服重力。但是，如果重力突然变得很强，向上输送给脑的血液就会变得极少。最坏的情形就是，发生一直处于昏迷状态的低氧症，也就是所谓的缺氧，人有丢掉性命的可能性。对在航空比赛中进行特技飞行表演的飞行员，或者对宇航员来说，这是必须要作为现实对待的危险状况。

一般认为，没有受过训练的人，在受到 5 倍重力的情况下，很难保持大脑意识清醒。在反复进行的特殊训练过程中，飞行员被捆绑住下半身，身上穿着套在里面穿的、具有可以检测加速度变化功能的"耐 G 套服"（G 代表地球重力加速度）。），那么即便是一流的飞行员，能耐受得住 10 倍重力的时间，充其量也只有数秒。也就是说，由于这种重力的增加，大体上全部人类都会昏过去。

另外，在重力变成 10 倍的瞬间，人的姿势也会造成很大的区别。在

120

站着的情况下，人的整个身体会昏倒在地，在以 10 倍的加速度摔击到地面上之后，要看看心脏和脑的位置关系和伤的状况，如果人躺倒在地上，就有恢复意识的可能性。坐着的人昏过去之后，也因为脑位于心脏的上面，就那样死去了。横卧的人生存的可能最高。

))) 即使活下来了，
地狱般的世界也正在等待着你

不过，对活下来的人来说，艰难的世界正在等待着你。即使你的体重现在仅有 60 千克，在重力变为 10 倍的地球上，也要拖着 540 千克重的身子生活了。根据有关探讨人类如何能适应太阳系以外天体的研究，即使是顶级的运动员，从坐着的状态能站起来的极限也就是克服 5 倍的重力，据说能走的极限是 4.6 倍的重力。由于 10 倍的重力是远远超过极限的重力，人类只能在地面上就那么趴伏着，再也动弹不了了。灭绝吧！

人类灭亡之后的地球会变成什么样呢？很多报告称，在 10 倍以上的重力环境下，仍有能生存的小型生物，所以活下来的生物会很多吧。不过，它们能不能经受得了由于变大了的重力而引发的剧烈火山活动，以及增加了的地球与小行星的碰撞，还是个未知数。

地球上的生命，大部分是以地球的重力不发生变化为前提进化过来的。遗憾的是，把重力轻率地强化，就是一个让地球的生态系统一下子崩溃的愚蠢的选择，这一点好像没说错吧。"威严士套服"的威力要理性地利用哟。

另外，只有一直穿着"威严士套服"的我，幸存下来了……

假如

臭氧层从地球上消失，会怎么样呢？

虽说地球表面上的动物患癌概率激增，但是早晚臭氧层要复活

对很多人来说，晴天到外面去活动，是有益身心健康的行为。通过体育锻炼，畅畅快快地流汗，或者在海滩和游泳池边，并不一定非要做点什么，只是悠闲自在地躺在那里，等等，人们以各随己愿的方式享受着日光浴。不过，能够进行这样的活动，即便说是只有"托臭氧层的福"才有可能，也并不过分。

近几年来，关于对臭氧层的关注，已不太有多少存在感了，你曾听过有所谓的"臭氧空洞"的说法吗？实际上，在20世纪80年代，当时臭氧层的臭氧浓度降低了，引起了人们的担心。

要是比当时的那种担心，更远远地超出一步去想象的话，也就是说，假如臭氧层从地球上完全消失了，会发生什么呢？

﹝﹝﹝ 如果"地球的防晒霜"臭氧层消失了，会怎样？

臭氧层，就是在离开地球表面约 15~35 千米高度，存在着很多被称为臭氧的物质的大气层。虽然说是很多，但即使是在离地面 25 千米附近臭氧浓度最高的地方，臭氧浓度也只是十万分之一以下。然而就是这么仅仅一点点的量，正在保护着地球表面免受有害的紫外线的照射。

20 世纪后期开始，每年都发生在南极上方臭氧层中的臭氧浓度变少，被称为臭氧空洞的现象。在 1974 年这种现象得到了明确说法，人类向大气中排放的氟利昂（即氯氟烃），造成了臭氧被破坏。当时做出的预测之一是，2065 年，在中纬度地区，只用 5 分钟，人就会被晒黑，因此这变成了一个严重的社会问题。这个担心并不是以杞人忧天而告终了，而是使全世界做出共同努力去限制氟利昂的使用，并且在未来严格地避免氟利昂的使用。实际上，也有人指出，对于环境问题，人类还从未做出过像这样如此团结一致的事情。曾一度受到破坏的臭氧层，在 2010 年总算看到了有恢复的倾向。

还是回到正题上吧。假如臭氧层消失的话，人类的生活会怎么样呢？

到达地球表面上的紫外线有 UVA（长波紫外线，波长 320~340 纳米）和 UVB（短波紫外线，波长 20~320 纳米）2 种。虽然 UVB 的波长短且能量高，但其大部分会被臭氧层吸收，仅有一点点会到达地面。相反，由于能量低的 UVA 很难受到臭氧层的影响，它们会大体上保持原样地到达地面上。因此，臭氧层作为地球防止紫外线照射的防御者，是必不可少的。

不过，在作为地球的防晒霜而存在的臭氧层消失的情况下，UVB 也会毫不留情地不断照射到地面上。由于紫外线有破坏构成生物的基因的能力，因此可以预料到，在地上生活的动物患皮肤癌的情况激增。在皮肤癌中，包括棘皮细胞癌、基础细胞癌、恶性黑色肿，如果受到紫外线照射，那么患这些癌症的风险就会上升，这些癌症大概会在臭氧层消失的世界里流行起来。另外，眼睛由于紫外线的高强度照射，也会受到损伤。如果眼睛受到日炙，被称为光照角膜炎的病症出现了的话，这还算不了什么，最坏的情况是，高强度日照会引发白内障等病症，所造成的失明的人数会激增。据推测，即使是在现在，世界上每年由于紫外线造成的失明，也已攀升到了 300 万人，而在臭氧层消失的地球上，那些眼睛看不见的人及动物，就可能不再有什么稀奇的了。

此外，臭氧层消失对海洋生物的影响也不可避免。已经知道的是，UVB 有时侵入水中甚至能达到 20 米的距离，妨碍鱼的正常发育。另外，很多海洋生物可能将会失去生存之地，特别是珊瑚容易受到 UVB 的影响。

虽然这么说，但并不是这样的状态会永远地持续下去。因为，如果大气中的氧被紫外线照射了的话，就会产生臭氧，这样，臭氧层在经历长时间后，又能回到原来的臭氧浓度。那时候人类是否还存在，另当别论，但能够明确的是，"威严士套服"不会消失。再就是，说不准穿着"威严士套服"的哪个谁，也许能给消失的臭氧层打个补丁。

给我的"威严士套服"外面后背上涂上防晒霜好不好？

发生历史上最严重的大停电，会导致社会基础设施毁灭？！

假如

受到电磁脉冲的攻击，会怎么样呢？

如果你在互联网上购物，电脑会自动判断从仓库到你家最佳有效的路径，数日之后商品就送达你家了，这样的事并不稀奇。在现代社会，各种各样的社会系统错综复杂，在相互依存的同时，支撑着人们的日常生活。然而，假如有能够让整个社会陷入功能不全的攻击手段，会怎么样呢？

这个攻击，就是电磁脉冲攻击。攻击的目的并不是让人体蒙受直接的伤害，而是造成波及大范围的电子设备失效。假如现代社会受到电磁脉冲的攻击，会发生什么呢？

⫸ 依赖电力生存的社会付出的代价
⫸ 基础设施崩溃的后果到来了？！

电磁脉冲攻击的手段有许多，但是，如果想让全国所有的电子设备都遭受损害的话，那么在数十千米以上的空中引发核爆炸，在现实中被认为是最有效的手段。核爆炸所释放的大量的 γ 射线与空气分子中所含的电子发生碰撞，电子如果被高速弹射出去，就会顺着地磁场开始旋转。以高速运动的电子，由于轨道发生弯曲，产生了被称为放射光的电磁波，纷纷不断地射到地面上，造成在地面上电子设备中的电流随意地流动，在最坏的情况下，就会破坏设备。另外，由于大幅度地扰乱了地磁场，所以有时也会破坏输电网中的变压器。

也许有人认为这完全是科幻的想象，但与此类似的情况在世界上确实发生过。1962 年，在太平洋上空的 400 千米处，当美国进行核试验的时候，在 1450 千米以外的夏威夷，变压器出现故障，一时间变压器的信号灯熄灭。

另外，偶尔发生的太阳磁暴，也和电磁脉冲攻击有相同的原理，对电子设备造成威胁，并在 1989 年破坏了加拿大的电网。有记录显示，当时停电最长时间达 9 小时，给 600 万人造成了影响。幸好还没有出现牺牲者，但假如现代的日本受到电磁脉冲攻击的话，将会受到很大的损害吧。

首先，由于纷至沓来的电磁波，输电网里的很多变压器会一齐受到损坏。如果出现这个结果的话，将发生在历史上无以类比的大停电。日本是停电次数少的国家，虽然大规模的停电发生过多次，其中也有电气设备

2 周以上没有修复的例子，但这次是由于在日本全国很多的变压器遭受破坏，预测修复需要相当长的时间。很多人把电力始终都会存在作为前提在生活，这就更加剧了民众受到的损害。

首先面临危机的是医疗机构。虽然大多数医疗机构保有能靠自力发电的发电设备以防万一，但是这也只能维持数日。在 2019 年 9 月，受台风影响而停电的千叶县，虽然某医院对人工呼吸机和透析机等设备优先提供了电力，但还是有 5 人的生命被剥夺了。此外，因为不能使用冷气设备，也有人因中暑而死亡。对于健康本身没有问题的人来说，因为水泵不能动，自来水和下水道的上下水不能用；因为冰箱不能启动，许多食物不能保存，这些情况就影响生活了。当然互联网不能连接，也不能知道全国都停电了吧。停电状态下，也不能使用信号灯，交通堵塞和事故都激增，也不能把物资运达商店。假设在家里的水和食品都用光了，也有可能会发生什么东西都买不到的情况。

在现代，像这样变得错综复杂的社会系统，由于电磁脉冲攻击所造成的停电，造成的影响可谓是致命的吧。以停电为始端，完全就像多米诺骨牌倒了一样，社会基础设施崩溃。发生由于电磁脉冲攻击的大规模停电，也许就在明天。为了防备这个明天的来临，别忘记购入"威严士套服"。

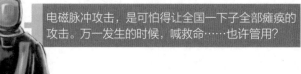

电磁脉冲攻击，是可怕得让全国一下子全部瘫痪的攻击。万一发生的时候，喊救命……也许管用？

发生天翻地覆的变化，生物大量灭绝

地球上的海水变成淡水，会怎么样呢？

地球表面的 70%，被海洋覆盖着，也许人们会认为，地球上存在着丰富的水。不过，地球的水几乎都是含盐的海水，淡水仅占不超过 3%。在这些淡水中，大约有 7 成被冰川等以冰的形态封住，而饮

用水和农业用水等，被认为仅占地球全部水中的不到 1%。在未来的世界上，水的不足将成为一个大问题。

　　那么，在这儿，借助熟悉的"威严士套服"的威力，向人类伸出救援之手吧。"如果淡水不足，干什么都不行"，但是如果在一瞬间，要是能把全部的海水都变成淡水，会发生什么呢？

))) 地球范围内的水不足，
把海水变为淡水看看

海水是盐水，河水是淡水，在这两者之间的水域叫作"半咸水域"（在河口或滨海湖中盐分较少的水域）。因为半咸水域是淡水和海水混合在一起的水域，所以盐分浓度也就是在淡水和海水之间的程度。一般地，因为淡水的盐分浓度在 0.05% 以下，海水是 3.5% 左右，所以半咸水域的盐分浓度为 0.05%～3.0%。

不过，盐分浓度会发生令人眼花缭乱的变化。众所周知，受 1 天内变动的潮涨潮落，以及随季节变化的河水的流入量等的影响，在半咸水域，环境的变化很大。虽然是这么说，但是能弥补这个缺点的，就是半咸水域有丰富的营养存在。由于太阳光更容易照射到这里，因此半咸水域对于一部分生命来说，是重要的生存环境。例如，从亚热带到热带地区，在生长着很多红树林的森林里，生活着多种多样的生物，所以红树林也被称为"海边的热带雨林"。

把海水全部改为淡水，就意味着要破坏像这样的生态系统。不过，这可是一个能拯救很多人生命的举世无双的机会呀。

开山作住宅之地，平地成耕作之田，拦坝为水利之河，等等，人类一直致力于把周围的环境变成适宜自己生存的状况，不是吗？事到如今还犹豫什么呢？

　　那么，借助"威严士套服"的威力，一瞬间把地球上所有海里存在的盐消除，共有大约 5 京吨。大海变成了淡水，用水不足的问题不就一下子解决了吗？即使在今天，世界上仍有 8 亿以上的人，面临饮水困难的问题。但是，欢喜不过一瞬间。地球上的环境，各种各样的要素正在错综复杂地相互维系着。如果突然海水中的盐消失了的话，将会给整个地球带来很大的影响。

))) 给生物带来的影响很大，
))) 做寿司的一大半材料再也吃不到了？！

　　首先被毁灭的受害者就是，海洋生物。对在水中生活的它们来说，周围的盐分浓度是个很大的问题。为了细胞的生存，海洋生物要从周围摄入氧和水等必要的物质，并有必要向外排出二氧化碳等废物。为此，细胞需要和外部进行交换，也就是说，物质要透过覆盖细胞的细胞膜。而成为问题的，就是这个盐分浓度。在细胞里的盐分浓度低而周围的盐分浓度高的时候，由于被称为渗透压的现象，细胞里的水分流到周围去。相反地，在细胞里的盐分浓度高而周围的盐分浓度低的时候，水从周围渗入到细胞里。由于在海里生活的生物能适应盐分浓度[※1]高的环境，所以具有能在细胞内保持水并排出盐分的功能。不过，突然周围的水变为淡水，因为细胞里的盐分浓度高，细胞就会被水浸入，细胞承受不了水的压力而破裂，便死去了。

※1 在海水里生活的鱼类，用鳃去掉盐分，此外多余的盐分作为尿排出，即用两个阶段的系统来调节体内的盐分浓度。

那么，有能躲避这样被大量灭绝的命运的生物吗？如果是像鲑鱼等那样在河流和大海之间反复往来的生物的话，就有这种可能性。虽然是这么说，但因为这种往复的移动往往要花费数日到几周时间，这些生物在移动过程中对周围的盐分浓度的变化习惯并适应了，所以它们能否经受住突然的盐分浓度的变化，还是个未知数。这样的话，不仅在日本，而且在世界上也大受欢迎的寿司，一大半的食材就再也吃不到了。

(((无休止的气候变化，变得破烂不堪的地球走向末路

寿司的食材减少一点儿，总的来说还可以忍受，但失去盐的大海当然会变轻了。作为变轻的结果，在北极漂浮着的巨大海冰，由于浮力的减少，将下沉 10 厘米左右的程度。

可不要小看了这 10 厘米的高度，虽然并不高，可以预想到，北欧国家、俄罗斯和加拿大等面向北冰洋的各国，由于发生海啸，将遭到很大的损害。另外，大海的重力始终把海底的地壳按在下面。如果这压力突然变弱，在世界各地，也有地震和火山活动变得异常活跃的可能性。

海水变淡对气候的影响也很大，因为比起盐水的冻结温度来说，淡水的冻结温度较高。在北极，海水结冰的时候，只有水先冻结，由于盐被残留下来了，周围水的盐分浓度就会变高。而盐分浓度高的水会变得更重，便沉到下面。这样造成的结果是，在大海的表层，从南方过来的温暖的水，形成了向北方移动的水流，这就是所谓的"热盐循环"。热盐循环

的机制使得从能够获取更多太阳能量的赤道附近开始，能量会向北极和南极附近移动。不过，如果海水全部变成淡水，这个机制就完全崩溃了。赤道附近会变得比现在更热，南极和北极附近则会变得比现在更冷。不仅如此，由于台风具有把在赤道的能量向温带传输的功能，因此台风在温带也会变得更多，并且也会变得更强。

更加可怕的是，承担着地球上光合作用大约一半功能的，在大海里生活的藻类也全部灭绝，地球上的氧气浓度有急剧下降的可能性。在完全改变了的地球上，残留下来的人类将经历的是：因海啸而造成的溺死，因没有食物而造成的饿死，因极端的温度而造成的中暑和冻死，以及因氧气浓度的下降而造成的缺氧而死等。换来了大量饮用水的地球，简直就像地狱一样。

地球最开始有海的时候，是在 38 亿年前，全部的海都是淡水。经历了漫长的岁月，盐一点点地流入了海中，成了现在的这个样子。即使大海的生物一开始毁灭了，也有很大的可能会逐渐复活，然后讴歌那个没有人类的宛如乐园般的世界。

原打算是要向人类伸出救援之手的，但事与愿违，淡化海水成了一个让人类灭绝的愚蠢策略。不过，还有一个好方案，那就是让作为冰块的彗星撞到地球上。颇为现实的一个话题吧。但是，关于这个话题，等有其他机会的时候，我们再找机会说吧。

想看彗星与地球的大碰撞吗？那就登录"威严士"（VAIENCE）的"油管"频道吧。赶紧啊！！

假如

富士山发生火山喷发，会怎么样呢？

关东地区的大量火山灰……

2.5兆亿日元，在日本

灾害损失总额达

"假如"的可能性等级

富士山，一直被认为是日本的象征。据说，富士山像现在这样的左右对称的优美的圆锥形，大约是在1万年前的时候开始形成的。那雄伟秀丽的山体，一直在静静地注视着日本人民的生活。

　　不过，可别忘了，富士山是火山，而且是一个有确切记载的反复多次喷发的活火山。2012 年，仅从在"3 合目"（富士山从山顶到山麓，登山的整段路程被分为十合目，合目是接合处的意思）附近观测到的蒸汽来看，富士山无疑依然是个活火山。

　　那么，假如现在，这个富士山发生火山喷发了的话，会怎么样呢？

))) 由于落下的火山灰，
社会基础设施遭受大打击！

　　在现有的对富士山的记录中，它发生过的火山喷发有过 17 次。大约在 2300 年前，火山喷发的结果显示，富士山东侧的斜坡崩溃，火山泥石流经过现在的三岛市（在富士山东南，位于静冈县），流入骏河湾（静冈县南面的海湾）。平安时代的 398 年间，发生了 12 次以上的喷发。富士山发生的最后一次喷发，是 1707 年的事情。那次喷发被称为宝永大喷火（宝永为第 113 代天皇东山天皇 1687—1709 在位期间使用的第二个年号，宝永元年为 1704 年），离富士山 100 千米左右的江户（现在的东京）也有落下火山灰的记录。假如现在发生了与这个宝永大喷火相同程度的喷发，想象一下，日本人民的生活会怎么样呢？

　　首先，从喷发的数日前开始，在富士山附近，会发生许多被称为"火山性地震"的地震。这是因为，随着地下的岩浆向地表附近移动，岩盘中包含的水分迅速蒸发，膨胀引起岩盘的开裂。

　　然后，在数日之后，富士山终于开始喷发了。从火山口，浮石和大量烟尘一起喷发出来，还不到 1 小时，落下的浮石就开始破坏静冈市（在富士山西南）和御殿场市（在富士山以东）的房屋，引发火灾。另外，也有熔岩喷出的可能性。最坏的情况是，估计熔岩流将在 2 个小时左右的时间里扑进富士吉田市（在富士山以北）和御殿场市以及富士宫市（在富士山以南）等市区。大约 3 个小时之后，天空中下起火山灰。还有就是要看当天的风向，如果是在刮西风的情况下，不超过几个小时，在东京也将下起火山灰来。而这火山灰，被认为是最麻烦的问题。

首先，火山灰会影响人体，让慢性支气管炎、肺气肿、气喘等病情恶化，估计也会伤害眼睛。比这些更严重的，是它对生活的影响。因为电车要在车轮和轨道之间传输电力，只要在轨道上稍微落下点儿灰，就不能运行了。车也由于视野不佳被要求不得不慢行。即使想让飞机起飞，但跑道上只要积上 0.2 厘米的灰，就不能使用了。变成了这种样子，也就不能顺利地运送食品和水等物资了。

假设富士山在 1 个月内持续喷发，把落下的火山灰累积起来合计一下，估计在小田原（在富士山以东）为 30 厘米、在横滨为 10 厘米、在东京为 5 厘米，在千叶县的大部分地区为 2 厘米。在发电所和变电所，降下的火山灰累积起来就会引发漏电，还有引发大规模停电的可能性。估计在首都圈降下的火山灰将达 1 亿 5000 万立方米，这是在一年之内每天要开动 8000 台卡车才能勉勉强强拉走除去的量。其他值得担心的还有，在地质松软的地方发生的泥石流和对观光业的影响。发生像这样的最坏的情况，受损总额全部包含在内的话，损失可能达到 2.5 兆亿日元（约 0.13 兆亿元人民币）。此外，很显然，火山灰的影响将长达数年。

怎么样，害怕了吗？但是，这只是最坏的情况。实际上，比起大规模的喷发，富士山小规模的喷发更多，即使接下来再喷发，研究人员也认为小规模喷发的可能性非常大。当然，事先做出预测非常困难，所以说，超过宝永大喷火规模的喷发发生的可能性也不能否定。非常遗憾的是，人类还是很软弱的。自然的力量，很难从正面战胜。

富士山很美啊！不去攀登一次看看吗？
不过，你在攀登的时候没有滚落下来就好了……

假如

发生地磁场反转，磁极移动，会怎么样呢？

在世界各地出现极光，全部电气不能使用？！

罗盘指向北方。也许人们会这么认为，只要是在地球上，这就是不可改变的事实。但这不过是只能活100年左右的人类所拥有的想法。

在涉及能影响整个地球的变化突然出现的时候，地球上所有的生物都将有陷入危机的可能性。不过，所谓"磁极移动"的地磁场反转是个例外，从地球的全部历史来看，反转仅在一瞬间完成，虽然北磁场反转过去曾发生过多次，但是并不存在引起大量灭绝的证据。这就是目前研究的现状。这么说来，也可以认为如果在现代发生磁极移动的话，人类也会平安无事吧。实际的情况，会是怎么样的呢？

⫷ 地磁场的磁极移动，
实际上过去已发生183次了！

在学习有关罗盘的知识的时候，虽然在很多情况下，是把地球的北极比喻成棒状磁铁的S极，南极比喻成N极，但实际上，并没有这么简单。在地球上，把罗盘指示的正上下方的两端称为磁极，如果假设地球是棒状磁铁，那么就存在着N极和S极两个磁极。不过，这两个磁极与位于地球自转轴上的北极和南极并不一致。

进入21世纪之前，北磁极在加拿大北部。在2001年，北磁极离北极的距离大约是1000千米。而在2021年，北磁极却位于离北极大约400千米的俄罗斯一侧。说到南磁极，2021年，南磁极距离南极有2900千米之远，也不在南极大陆上存在。产生这种不一致的原因是地磁场的"发生源"的变化。地球的内部，从内侧开始，由内核、外核、地幔、地壳构成，其中存在许多的铁和镍等金属，作为液体的外壳被认为是地磁场的发生源。导电良好的物质，在一边做像对流一样的运动一边旋转时，

如果在周围附近存在磁场，就会产生电流的流动，这个电流又产生新的磁场。接着，由于这个新磁场，又产生新电流的流动，按上述的情形，就发生了磁场渐渐变强的现象。

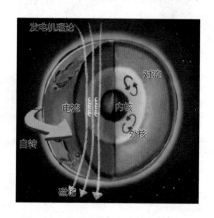

对解释地磁场的来由来说，以上的学说很有说服力，这也就是发电机理论。另外，虽然不知道详细的原

理，但是，发电机理论也预测到地磁场的随机反转，明确了实际上在过去的 8300 万年间，已发生过 183 次的磁极移动，大约是平均 10 万～100 万年发生 1 次。关于磁极移动是否对生命产生影响，目前尚不清楚。

在发生磁极移动的前阶段，一般是地磁场整体变弱，作为地磁场变弱的结果，地球表面会暴露在太阳风和宇宙射线等有害的放射线之中，因此也有研究者指出说，它会"给生命带来很大的损害"。不过，虽然在过去多次发生了磁极移动，但是现在的地球上仍然充满着生命，因此，无法确定磁极移动与大量灭绝有密切的关系。

那么，磁极移动发生在现代将会怎么样呢？地磁场的强度从 1840 年前后开始有记录，经过大约 180 年，地磁场的强度大约减少了 15%。此外，也有记录在濒临南美洲的大西洋有着被称作"南大西洋异常带"的地磁场非常弱的区域。磁极的相互作用有转变，就是磁极移动的预兆。虽然这么说，但是关于地磁场，我们不了解的事还很多，今后地磁场会变成什么样呢？而且，以人对时间的感觉，关于近期内是否将发生磁极移动，也不得不说目前是不清楚的。

))) 虽然不能使用电气设备，但是也许在家附近就能看到极光？

如果在现代发生磁极移动的话，会发生什么呢？按照刚才介绍的那样，因为预测会增加地球表面的放射性辐射剂量，所以包括人在内的在地上生活的生命中，患癌症的可能性增加。但是，因为大气能起到防护作用，可免受某种程度放射线的损害，所以，预测大量灭绝不会到来的意见甚至占了主流。

那么，放心地去外面看一下吧，说不定还能见到本来应该只能在北极和南极附近见到的极光呢。极光是太阳风的高能粒子与地球的大气发生碰撞所产生的，但是由于地磁场的存在，高能粒子在磁极附近更容易集中，所以在磁极附近能看到极光。

如果在自家门口就能看到美丽飘摇的极光，那么磁极移动也不是什么坏事，说不定还是件好事呢。附近一片漆黑，可以尽情地欣赏这梦幻般的极光。不过悲哀啊！在磁极移动正在发生的时候，支撑现在人类文明的重要的电气设备很可能将完全不能使用了。

在到达地球表面的放射线中，也存在带电的粒子。带电粒子的运动产生了磁场，如果产生的磁场在电子设备和输电网的附近通过，电气电路中的电流就会随便地流动。现代人类使用的电子设备要求精确的电流，输电网使用的变压器要保持电力的平衡。但由于放射线造成电流随便流动的状态，预计各个地方的电气设备都会遭到破坏，不能使用。

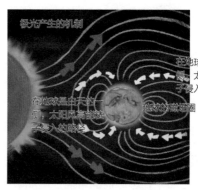

极光产生的机制

在地球是夜晚的一侧，太阳风高能粒子侵入的路径

地球的磁场圈

在地球是白天的一侧，太阳风高能粒子侵入的路径

实际上，1859 年发生的大规模的太阳耀斑，就导致带电粒子纷纷不断地射到地球表面上。当时，发生了电报用的电缆

被烧毁而不能使用的事件。在如今与当时几乎不能相提并论的 21 世纪，如果发生磁极移动，如此依存电气的人类的生活，又会怎么样呢？也有科学家担心，人们的生活就会返回到 19 世纪了，但是，如果不发生磁极移动，也就不必担心了吧。

幸运的是，地磁场并没有在某天突然急剧地变弱。关于磁极移动会在什么样程度的时间范围来完成，目前所预测的有一个幅度，大约是 1000 年至 1 万年之间。虽然不能预料磁极移动到底会什么时候发生，但如果做好准备，保持输电网有预备的变压器的话，应该能把损害控制在最低限度。

虽然磁场反转在人类文明发展以来没有发生过，但是如果以后会发生，那么发生的时候，损害就更大。面对当事者不能意识到的隐患，虽然做好准备会受到被称为浪费的批评，但是还是要踏踏实实地继续做好准备。

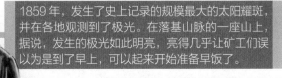

1859 年，发生了史上记录的规模最大的太阳耀斑，并在各地观测到了极光。在落基山脉的一座山上，据说，发生的极光如此明亮，亮得几乎让矿工们误以为是到了早上，可以起来开始准备早饭了。

从飞行中的客机上掉落的时候保住性命的方法

设法保住性命！「威严士」的生命锦囊

乘坐飞机是现代社会中不可缺少的出行方式。飞行航线的数量每年都在持续增加，据统计，仅 2019 年，就有大约 4000 万架次的旅客班机在航线上飞行。当然，旅客班机有旺季和淡季，但是如果简单地平均一下，就可以算出每 1 天在世界上飞行的航班有 10 万架次以上。

虽然飞机便利而且安全性高，但仅看这些航班的数量，要做到事故发生率为 0，是非常困难的。在搭乘过程中，在能够发生的"万一"情况当中，恐怕最坏最坏的情况，就是从飞行中的客机上掉落下来吧。现实中有几个实际发生的例子，不过也有生还者。怎样才可以幸存呢，这次就向您介绍一下。与此前的专栏的说法一样，一旦掉落下来，有"威严士套服"，就能幸存，所以请放心吧。

飞机飞行的高度是 1 万米左右，在这个范围内气压是地球的 1/4 左右。因此，在这儿被抛出去的人，因氧气浓度不足，会失去知觉。如果假定在这状态下，头冲下掉落，空气阻力和加速度平衡下来的速度就是 300 千米 / 小时。如果就那样猛撞到地面上的话，就会很容易死去。虽这么说，实际上如果你继续下降的话，高度到达大约 6700 米，氧气浓度渐渐变高，如果运气好，你失去了的意识就又恢复过来了。那么，请醒过来吧。

恐怕，飞机在下降时，你感觉到的是恐慌，会觉得自己将要死了。不过，正在掉落的疯狂了的人，如果在这儿能冷静下来的话，要记得从垂直下降的状态，调整成被称为"俯卧式飞翔"的朝下打开四肢的姿态，采取伸直手足使下降阻力变大的姿势。采取这种姿势的话，下降速度有可能减速到大约 200 千米 / 小时。这时候，因为距离到达地上有大约 2

分钟的延缓时间，所以可以在寻找着陆地点的时候，找到或多或少能让人生存率变高的地方。迄今为止，从上空自由落下而活下来的人中，大多数都是由于落在长满干草的山及草木繁茂处等有缓冲的地方，才实现了生还。相同的理由，雪原及沼泽地也可作为候选的着陆场所。相反地，因为大海及湖泊中的液体不会瞬时变形，如果高速撞击这些地方，水面就像混凝土一样地变得硬邦邦的。想去来世的人，就选择那个地方吧。

1963 年，美国联邦航空管理局（FAA）发表的报告说："并拢双腿，把脚后跟朝向上空，抱膝，生存率就会提高。"想活下来的人应该采取这种姿势，除此之外，只能是听天由命。因为没有穿"威严士套服"，从飞机上掉落下来的人能幸存的概率低，但总还会有办法的吧。愿你勇敢去奋斗！

哎？已经想回家了？好不容易来到最后一章了，所以请不要说这样的话。总之，本章是关于"人的假如"，你将成为"实验品"，你不能拒绝。

人的
假 如

v49.46

第4章

"假如"的
可能性等级

假如

人完全不刷牙，会怎么样呢？

牙吧嗒吧嗒地脱落，患上口臭，也有患其他病的风险

要想成为宇航员，必须在大脑、肉体、精神各个方面全部都要优秀。没有虫牙也是条件之一。由于在发射时经历的加速度和周围的气压变化，宇航员如果在虫牙被置之不理的状态下前往宇宙，虫牙就有

一下子恶化的可能性。即使是宇航员，好像也不可能很容易地忍受虫牙的疼痛。虽然这么说，但是大家并不是全都想去宇宙的。但各位因为不能去宇宙，也就无所谓，所以不想刷牙。应该还有在一生中完全不想刷牙的人存在，如果是这样的话，大家就完全不折不扣地放弃刷牙看看吧。看谁最先害怕起来，又重新开始刷牙，就让谁飞到宇宙去。那么好吧，斗鸡式赛车（chicken race，两辆汽车相向疾驶，先躲让者为败）开始！

⦀ 结果当然是患虫牙、口臭，
还有患许多病的风险

很明显，由于受到牙的形状和唾液的成分的差异等影响，是否会长出虫牙，个人之间有很大的差别。注意一下你的周围，你会马上发现，有长虫牙的人，也可能有不管吃什么都不长虫牙的人。因此可以预计，在所有停止刷牙的人里，每个人发生的情况也各不相同。

不过一般认为，人在停止刷牙大约 3 天至 1 周之间开始出现明显的牙垢。在口腔中生活着数百种微生物，这些微生物聚集在牙缝及牙表面的凹凸处，形成被称为牙菌斑的沉积物。在这些微生物中，也存在把人吃剩下的食物渣滓中的糖分解成酸的微生物。被微生物分解成的酸，会把形成牙齿的牙釉质和象牙质溶化，造成牙齿空洞的状态，这就是虫牙。牙垢的影响不只停留在牙上，也涉及牙龈。有时牙垢上含有的微生物也会侵入到牙和牙龈之间，引起牙龈炎。如果牙龈炎进一步恶化，人就会患牙周病，常见牙龈出血和咀嚼时的疼痛。最坏的情况是，牙齿脱落了。而且，这种情况困扰的不仅仅是当事人。在位于牙齿和牙龈交界线下的牙石内，生活着不需要氧就可以成长的微生物。这些微生物引发的分解物被认为是口臭的原因，所以停止刷牙的行为，周围的人也会离你远远的。

到了这种程度，如果还有不刷牙的人的话，这个人会怎么样呢？有的话，即使最终牙齿全部脱落掉了，也并不奇怪。如果一个人在牙齿全部脱落掉下来之前，能经受住虫牙的疼痛和周围的视线的话，就可以名正言顺地公开说，"身体完全习惯了不刷牙"。但非常遗憾，不刷牙的弊害，不仅是在口中，也有涉及全身的危险性。近几年，出现了很多有关牙周病和其他疾病并发的例子，也有专家指出，"牙周病正在提高一些病的风险"。需要注意的是，这里仅仅指的是完全相互关联的关系，而不是原因和结果的关系。但是，增殖的微生物直接带来的影响，由人类蛋白质引发的炎症带来的影响，以及牙周病给人体造成的影响等涉及复杂的多个方面。增殖的微生物可能引发肺炎、哮喘和口唇疱疹等。

影响不只停留在嘴的周边，据报告，如果人经常患炎症，血压也会上升，并且患心脏病的风险也上升。在引起炎症的蛋白质的影响下，对胰岛素的抗药性上升，因而引起糖尿病的例子也不在少数。尽管因果关系不明，但肾脏病及痴呆症也被怀疑和牙周病有关。以牙周病为起因，有受到各种各样疾病困扰的可能性。

如果考虑到能降低这些疾病的风险的话，就不会觉得大体上 1 天 2 次、1 次 10 分钟的努力刷牙是件坏事了吧？那么，各位就请刷牙吧。

怎么回事？你的嘴，闻起来不太妙呀？！

假如

人完全不睡觉，会怎么样呢？

不知道自己在做什么

强烈的幻觉，第二天

不睡觉的第4天出现

在20世纪40年代，在充满了一种让人不能睡觉的气体的屋子里，有人对已经被关进去15天的5名囚犯进行了一项实验。15天后，犯人们已不成人样，对自己的所作所为已毫无所知，甚至出现撕扯掉自己的肌肉和骨头等行为。这是一个现在被作为街谈巷议的所谓的"都市传说"，是在互联网上很有名的睡眠实验的故事。请放心，这只是个编造的故事。然而，假如人真的完全不睡觉的话，会怎么样呢？有没有兴趣想知道呢？应该也有 1 天或 2 天彻夜不睡的人，但是这次不能到此就这么打发了。哎？打算多长时间不睡呢？

⫷ 不知道必须要睡觉的理由，
但不能不睡觉的理由却很多

　　人为什么必须睡觉呢？说起来，人正在睡觉时的状态，究竟是一个什么样的状态，关于这个根本性的问题，有很多方面还没有被解释清楚，因此相关的研究非常盛行。目前已经清楚的是，大体上所有的动物至少会有接近于睡眠状态的时间。据说，不睡觉的动物很有可能是不存在的。

　　关于假如人停止了睡眠会怎么样的问题，也有相当多的研究正在进行。不睡觉产生的影响，还没等到超过一整天之前就开始出现了。研究发现，连续 22 小时不睡的人，反应速度比起血液中含乙醇浓度 0.05%[※1]的人更慢，比起血液中含乙醇浓度 0.1% 的人做出反应的准确度更低，也就是错误的次数更多。所以，在睡眠不足时避免开车的人，可称得上是高明的人吧。

　　如果 24 小时一直不睡觉，主要的影响表现在大脑上。承担包括感情及记忆处理在内的原始反应的重要角色是小脑扁桃体，不睡觉的影响表现在掌管逻辑及交际功能的"前额叶"的信号交换急剧地减少，取而代之的是，对精神压力的反应起重要作用的，被称为"蓝斑核"的脑的那部分的信号交换增加。其结果是，"蓝斑核"把人的日常生活中的各种各样的事情都判断成危险，只要稍微有一点儿什么事情，人就会动怒发起脾气来，对精神压力的承受性变得极低。

　　此外，有的研究结果也表明，长期不睡觉的人已经意识不到自身的能

※1 血液中乙醇浓度 0.05%：相当于呼气中的酒精浓度每 1 升含 0.25 毫克，这个浓度是作为因酒后驾车而被吊销驾照的标准。

力变得低下了。对连续 36 小时不睡觉的人测试短期记忆，结果是，虽然测试结果比通常情况恶化了，但是被验者们好像对自己的记忆仍然有自信。另外，如果到了现在这个程度还不睡觉的话，人陷入一种被称为"微睡眠"状态的可能性会变大。所谓微睡眠，就是在数秒到 2 分钟左右短的时间内陷入就像睡眠一样状态的现象。听说当事者本人会有一种在不知不觉中一段时间流逝了一样的感觉。

如果像这样的状态数日连续不断，最终就会出现幻觉。1964 年，挑战 11 天完全不睡觉的美国高中生兰迪·戈多纳，在第 4 天就把道路标识看成了人，认为自己是有名的美式足球运动员，被强烈的幻觉所困扰。到第 11 天的时候，已经到了不知道自己正在做什么的程度。但是，他总算平安地结束挑战了。不过，好像几年之后，戈多纳被严重的失眠症所困扰。

实际上，如果超过以上时间仍不睡觉，会怎么样呢？目前，确实没有超过连续 11 天以上不睡觉的人。但是，有让老鼠完全不睡觉的实验的例子，结果是全部老鼠在第 11 天至第 32 天之内都死了。对于如果人也同老鼠一样完全不睡觉，结果可能也是一样的。但是不管怎样，停止睡眠有百害而无一利，何况现代人在这个世界上本就容易睡眠不足。在怎么也不能入睡的晚上，代替摇篮曲，在"油管"（YouTube）欣赏某个"威严士"的动画，也是一个不错的选择吧。

喂！为什么不睡觉？实验中？

假如

人感觉不到疼痛，会怎么样呢？

咬断手指的幼儿也……

还没有察觉之前满身都是伤，

分娩、尿路结石和变形性关节炎等，据说是人所经受的疼痛中最为强烈程度的疼痛。除了这些以外，受到伤痛和头痛等困扰的也大有人在。在剧烈的疼痛袭来的时候，你有过"要是没有痛觉了该多好呀"的想法吗？

实际上，完全感觉不到疼痛的人极少存在。也许对于平时被疼痛困扰的人来说，这是像"从嗓子眼里伸出一只手"一样地渴望得到的能力。乍看起来，这好像是谁都会羡慕的极好的状态，但实际的情况又是怎样的呢？无痛感，说不定还有可能是可怕的"诅咒"吧？

是欺骗？还是诅咒？
感觉不到疼痛的人的末路

生来就感觉不到疼痛的人，被认为其发病的原因是由于基因的变异或者是由于已经变异的基因。因为还有很多情况是，与疼痛有关的基因，并不是引起发病原因的基因，所以要看是哪个基因变异了，因此所出现的症状也就不同。例如，也有发生嗅觉消失的类型和轻微记忆障碍的类型，等等。

实际上，感觉不到疼痛被认为是危险的病，在实际情况中因出汗异常招致的无痛感疾病类型，称为"先天性无痛无汗症"，被指定为一种疑难病症。遗憾的是，不感到疼痛，并不是像小说里写的那样具有欺骗能力等，而是有可能丢掉性命。

感觉不到疼痛，到底是个什么问题？为了说明这个问题，还是讲一个在美国生活的患者的故事吧。她生来没有痛感，刚刚出生的时候，父母也异乎寻常地没有察觉出来。不过，长到1岁的时候，她用手指把眼睛严重挠伤，造成角膜剥离。虽然医生为了保护眼睛，暂时用线缝合了她的眼皮，让眼皮睁不开了，但是听说她竟然用手抓住眼皮，撕开了每根缝合线。在这以后，苦难也仍然是连续不断。长到4岁的时候，她因为使劲咬到了舌头，导致舌头红肿起来了，一时间变得不能喝水，有脱水症状的危险。最终，那患者的父母痛苦地决定，摘除女儿全部的牙和化脓的左眼球。说起那名患者的现在，虽然好像在2018年通过牙床的手术开始恢复自己的牙，但是好像仍然几乎没有视力。

在像这样的情况中，即使人自己感觉不到疼痛，身体也确实已受到损伤了。因此，只有不会发生受伤问题的活动可以做，不，也许应该表达为"能够做活动"的方式必须要正确。痛觉起到的作用是，将身体受到了损伤这个重要信息发送到大脑。这样痛觉正常的人在成长过程中会选择避免疼痛的行为，而生来没有痛感的孩子没有这种学习机会，有时甚至会由于冒失鲁莽的行为丢掉性命。即使不是直接丧命，也有许多间接关系生命的情况是在本人意识到之前，病原菌就已经从伤口侵入身体，或者是没有觉察到物体的温度而被严重烫伤或烧伤了等等。此外，在先天性无痛无汗症的情况下，由于出汗异常，体温调节不畅，有时发高烧就会让他们丢掉性命。据报告，在生来无痛感的人当中，能够活到 20 岁的极为少数。

某名患者的父亲流着眼泪说，如果能给予自己的女儿感到疼痛的能力，无论做什么，哪怕是切掉自己的右手给女儿都可以。在这位父亲周围的人也感同身受，深表同情。感觉不到疼痛的能力确实可称为可怕的"诅咒"吧。

另外，即使生命不发生意外，这种病也有可能让身体受到不可挽回的伤害。除了刚才那个女孩视力的例子外，也有意识不到骨折而置之不理，结果骨头治愈了但生长成歪曲状态的例子。此外，这类人对黄色葡萄球菌抵抗力弱，也有出现皮肤发炎和脓肿溃疡，以及骨髓炎的风险上升的情况。

既然已经是这种情况，父母就必须要反复耐心细致地说给孩子听，在日常生活中，要时常加以细心的注意。只要定期去医院做检查，感觉不到疼痛这件事本身，对人来说就没有问题。此外，近年来，有研究在探讨能否有效利用无痛感患者的基因。因为在现代社会中有很多受疼痛折磨的人，如果以基因治疗的形式，能把人们从疼痛中解放出来的话，就能使许多人的生活更加丰富吧。对于困扰于慢性疼痛的人来说，获得感觉不到疼痛的能力就不是"诅咒"了，而是从苦难中解放出来的"拯救"。

))) 即使疼痛，也会笑起来？！
后天没有疼痛的情况

已经介绍了先天性感觉不到疼痛的情况，那么，有后天性感觉不到疼痛的情况吗？有，但是病例很少，如果"前带状皮质"和"岛状皮质"这样的处理疼痛的大脑部位受到损伤的话，就会导致受损伤者并不把疼痛理解成不愉快的感受的症状。据有的病例报告，在这种情况下，本来应该让人感到疼痛的现象，现在也可以完全不介意，因为这疼痛是痒痒的感觉，患者反而会笑起来。

没有关于这样的后天性患者的生存率数据，但是，后天性患者有必要同生来就感觉不到疼痛的人一样，要注意日常生活中的安全。此外，人在大脑受到损伤的同时，也会失去恐惧心，会产生一个副作用，就是对获取应对危害的方法不关心，由此可以推断，他们做出鲁莽行为的可能性会上升。在某项研究中，后天性患者表现为把自己体内的疼痛看作是与己无关的事情。

不能否定，像这样后天性感觉不到疼痛的状况，也是可怕的"诅咒"的一个侧面。当然，人类科学能力的进步，相反也隐藏着把产生的许多悲哀的这类"诅咒"，改变成为能够"拯救"的可能性，把人们从苦难之中救出来。如果能实现这个进步的话，感觉不到疼痛的人们也就可能被救了。

要得到想要的东西，虽说需要付出代价……但这代价不能太大。感谢"威严士套服"吧。

100%都用在大脑上，身体就活不下去了，绝命？！

人的大脑被 100% 使用成为可能，会怎么样呢？

作为用于记忆、思考，以及调节身体的具有指挥塔作用的人类大脑，由 1000 亿~2000 亿个细胞构成。很多情况下，人们都会把大脑和计算机做比较，如果从信息处理的速度方面来考虑，研究表明大脑完全比得上超级计算机。不，岂止如此，甚至有一种说法认为，人的大脑在 1 秒内所进行的活动，相当于超级计算机 40 分钟的活动。此外，还有一种说法，就是大脑没有被全部使用，大脑的能力没有被全部发挥出来。那么，如果大脑被 100% 限度地使用，在人类的身体会发生什么样的变化呢？

))) 你的大脑在运转
是正在被使用吗？！

据称，人类的大脑只有 10%～15% 被使用了。虽然对此的意见比较分散，各种各样，但是主要的意见有三种。第一种意见，正如阿尔伯特·爱因斯坦在发言中所说的，"人只发挥了潜在能力的 10%"。第二种意见，一般认为是，大脑的使用程度与占有大脑 90% 的神经胶质细胞有关。虽然神经胶质细胞起到帮助神经细胞的作用，但是，它被认为与信息传达并没有直接关系。从这种情况来预测，大脑使用了剩余的 10% 进行信息的传达，然后便产生只使用了大脑的 10% 的意见了。第三种意见认为，从刺激大脑的时候不做出反应的，或者大脑存在着作用不明的被称为"安静区"的部分来看，并不是全部的大脑都被使用了。

不过，这三种意见现在正在被否定，或者说可信性正在被怀疑。脑细胞各自有各自的作用，被认为只有在自己担当功能的信息到来的时候才开始活动。另外，至于不是让大脑的全部都同时活动，有的推断认为，这是因为大脑的各个部位各司其职，是让被使用的部分运转，而让休息的部分维持大脑的功能的。

对于外界的刺激，大脑也并不是全部都做出反应。因刺激的种类不同，大脑被激活的部分也不同，被激活的一部分被使用，而另一部分休息，这 2 个观点正被科学地证明。那么为什么大脑不会一起活动呢？如果要思考这个问题，那么关于"假如大脑被 100% 使用成为可能，会怎么样呢？"也就成为要思考的问题。

虽然大脑的重量占人全部体重的 2%～3%，但为了生产出对脑细胞活动所必需的能量，大脑在使用着在体内循环的氧的大约 20%。为了生产出能量，成人的大脑一天消耗约 120 克的葡萄糖。另外，为了使氧和葡萄糖传送到大脑，大脑在使用人体内血流量中的大约 15%。

大脑的全部并不是一起活动的，每次使用时都有一部分被激活，这一部分需要的氧和葡萄糖比较少，所以假如大脑被 100% 使用的话，氧的使用量和葡萄糖的消耗量就应该会一下子增加。如果变成这种情况，人类的身体究竟会发生什么变化呢？那么，实验品就是你。使用"威严士套服"的威力，让你的大脑 100% 觉醒过来看看吧。

))) 血流量的减少，使肌肉丧失……
大脑最大限度运转的大代价

首先，由于要提供氧和葡萄糖，增加了大脑的血流量，那么流向身体其他部位的血流量就应该减少。因此，内脏器官和肌肉等会陷入氧不足和葡萄糖不足的境地，而肌肉为了弥补这些不足，就要分解肌肉自身的肌蛋白，使肌肉一部分接一部分地丧失。对内脏器官的影响更严重。消化系统要把食物消化，担当着分解出用于生产能量的葡萄糖的角色，但是这个功能现在受到了影响。由于不能充分消化，葡萄糖的供应量减少，其结果是，血中葡萄糖量减少，预计会发生低血糖症的症状。此外，大量消耗氧的大脑也排出大量二氧化碳，而由于血中的二氧化碳量的增加，在肺中的气体交换就不再顺畅了，血液迅速地偏于酸性，会造成所谓"酸中毒"的状态。

当然，大脑本身也会受到影响。消化系统的不健全造成葡萄糖供应不足，血中氧浓度下降，也使心脏受到影响，因此流向大脑的血流量也会减少。如果大脑被 100% 激活的话，那么由于这些情况在短时间内发生，全部表现为急性症状，人的生命就会马上进入危急的状况。非常遗憾，要想使大脑 100% 活动，人体还不具备必要的能力。

))) 那么，能超人化吗？
))) 感觉以及思考能力的变化

在感觉方面，如果大脑被 100% 使用，会怎么样呢？ 就像在科幻电影里面描写的那些人一样，因为 100% 最大限度地有效利用了大脑，头脑变得敏锐，能够不慌不忙地冷静地看出周围的动向，人的能力提高了。实际上，脑被激活了，认知能力将提高，这已经在用老鼠和小白鼠做的实验中被证明了。对人来说，对以飞快的速度运动的东西的认识水平将会提高，例如对疾速通过的车的颜色、形状和牌照号码等的读取的能力会提高。

此外，由于认识水平提高了，大脑内获取的信息量会变多。在把信息作为记忆提取的时候，被全部激活的大脑，可能会更快更正确地取出信息。也就是说，人的感觉变得敏锐了。

那么思考能力会怎么样呢？ 对于思考能力的提高，一般认为，仅仅是脑的激活，对于提高思考能力并不完全充分。研究结果表明，想要提高思考能力，还是训练更重要。

看到以上的研究结果，就可以想象得到，如果能应对大脑给身体带来的影响的话，那么大脑被 100% 使用，会让人体验到新的世界。但是，因为大脑还有保持平衡的机能，所以不是说把大脑激活了就行，如果仅仅就是激活大脑，也会相反地出现大脑失控的结果。

花费了长时间进化起来的，就是人类的大脑，但是对于大脑的很多事情，人类还是不明白啊。Oh，No（脑）!

爱因斯坦死后，科学家们为了研究，把他的大脑做成了标本，听说制作了 240 张大脑切片的幻灯片。

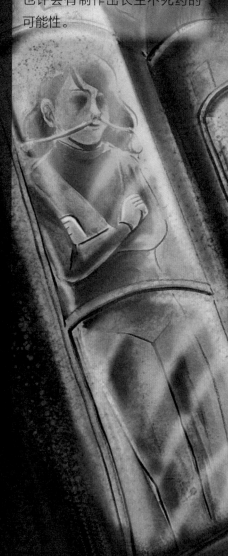

假如

把人体冷冻保存，会怎么样呢？

脑子像果子露一样地变得黏糊糊的？！

有生必有死。所有活着的人都必然有面临死亡的那一天。古往今来，免于死亡的人还不存在。然而，人是非常贪婪的动物，天天都在研究着不死的方法。在那遥远的未来，也许会有制作出长生不死药的可能性。

但是，不必等到那么遥远的未来。如果能在长时间的冷冻状态中睡眠就可以"永葆青春"，这就是人体的冷冻保存。在极其低温的环境下，为防止人体组织的腐烂，在可能的限度下保存身体和脑的完整状态的技术，被称为"人体冷冻法"。这一项技术已经被美国、英国、加拿大、澳大利亚、德国、中国和俄罗斯等国家掌握。怎么样，你想不想也被冷冻上？

))) 在将来，你果然能就那样
从冷冻睡眠中爬起来吗？

那么来看看，人体冷冻法是怎么实施的呢？按照现行的法律，不允许冷冻活的状态的人体。因此，作为第一阶段，医生确认被冷冻的身体死亡是一个前提。然后，遗体的全身要浸在大量的冰水里进行冷却处理，以阻止由于微生物和细菌造成的人体组织的分解，把分解速度降低到最小限度。同时使用"人口呼吸器"让肺收缩，使用"血液循环器"让血液在体内循环。按照这个步骤，好像能进一步推迟身体的腐烂。

接着，从血管注入抑制人体功能的抑制剂，同时也注射麻醉药。此外，一边让血液循环，一边逐步地换上保存液。因为生物体内的变化在零下 196℃就完全停止了，所以在完全换上保存液之后，可以开始以每小时 0.5℃的节奏，逐步地降低温度。这种使用液氮让人体温度降到零下196℃的方法，需要 1 周左右的时间。使人体达到"玻璃化"的状态，然后，把人体储藏在专门用于保存人体的冰柜里，到此结束。在这之后，在甚至没有梦的深度睡眠中，被冷冻的人只能等待未来的复活了。而让这睡眠醒过来的，不是王子的亲吻，而是未来最尖端的科学技术。

怎么样，听起来很简单吧？不过，并没有那么简单。人体冷冻学问题也有很多。首先，人的脑细胞非常脆弱，不知道能完整地保存下多少。在常温下，只能保存下 40%~60%，只要发生氧和血液量不足，大脑就会受到不可恢复的程度的损坏。大多数脑外科医生认为，在超低温环境下，在人的脑内究竟会发生什么，还完全是个未知数。科学作家麦克·夏姆举例说，如果冷冻的草莓解冻了，就变成像鼻涕一样黏糊糊的东西，并且指出，哪怕是回到常温的状态，脑和身体的一部分也会变成果子露状的黏糊糊的而无法复原。

另外，加拿大马吉路大学的麦克·汉德里克斯博士声称，让冷冻的人体复活的技术"在原理上根本不存在"。按照汉德里克斯博士所说，即使能恢复被冷冻的人的意识，这个人也会作为新的人又产生新的意识，不能恢复入睡以前的记忆。当然，也有支持人体冷冻学的人。曾担任美国人体冷冻学研究所所长的丹尼斯·科瓦尔斯基说，无论它成功还是不成功，这项技术都有冒风险的价值。

对于在冰冷的储藏冰柜里入睡等待的人们来说，人体冷冻法是让生命复苏的梦幻技术，还是猎奇的结果呢，目前谁也不清楚。顺便说一下价格，在美国的阿尔科延长生命财团，对冷冻整个身体的价格是 20 万美元，只做头部的话是 8 万美元，同样地，美国人体冷冻学研究所声称，人寿保险也适用在内。没想到，冷冻好像也没那么昂贵啊。

现在，在被冷冻保存的人中，年纪最小的是 2 岁的泰国小女孩儿玛塞琳·娜奥帕拉特篷。

结束语

您辛苦了！平安无事，在各种各样的过于严苛的人体实验下，您幸运地活下来了。经历了落到太阳上和霸王龙的袭击等，各位从"假如"当中生还的经历，能成为自己在今后人生中强大的支撑吧。

但是，您能够存活下来是因为有"威严士套服"。因此，请不要太过于自信。此次向您介绍的"假如"并不是全部。

请做好下一次被邀请的准备。当然，您没有拒绝权。允许您稍事休息一下，所以请您脱下套服先回家，等待威严士的再次召唤！再见！

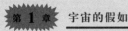

拓展阅读

第 1 章　宇宙的假如

❶ 假如落到木星上，会怎么样呢？
- https://www.pnas.org/content/114/26/6712
- http://www.igpp.ucla.edu/people/mkivelson/Publications/279-Ch24.pdf
- https://www.nature.com/articles/41718
- https://iopscience.iop.org/article/10.3847/0004-637X/820/1/80/pdf
- https://arxiv.org/pdf/1608.02685.pdf
- https://www.nature.com/articles/s41586-019-1470-2

❷ 假如落到天王星上，会怎么样呢？
- https://www.nature.com/articles/s41550-018-0432-1
- https://www.nature.com/articles/nature02376
- https://voyager.jpl.nasa.gov/mission/science/uranus/
- https://arxiv.org/pdf/1503.03714.pdf
- https://pubs.acs.org/doi/abs/10.1021/acs.jpca.1c00591
- https://www.nature.com/articles/292435a0
- https://link.springer.com/article/10.1007%2Fs11214-020-00660-3

❸ 假如人的身体暴露在宇宙空间，会怎么样呢？
- https://www.wemjournal.org/article/S1080-6032(20)30165-4/fulltext
- https://personal.ems.psu.edu/~bannon/moledyn.html
- https://sitn.hms.harvard.edu/flash/2013/space-human-body/
- https://pubmed.ncbi.nlm.nih.gov/23447845/
- https://ntrs.nasa.gov/api/citations/19660005052/downloads/19660005052.pdf
- https://physics.stackexchange.com/questions/67503/how-fast-would-body-temperature-go-down-in-space
- https://www.hq.nasa.gov/alsj/ApolloFlags-Condition.html

❹ 假如地球被黑洞吸入，会怎么样呢？
- https://science.nasa.gov/astrophysics/focus-areas/black-holes
- https://medium.com/carre4/if-the-sun-is-replaced-by-a-black-hole-what-happens-ce24a2b2ba60
- https://www.nasa.gov/vision/universe/starsgalaxies/Black_Hole.html
- https://www.stat.go.jp/data/kokusei/2010/final/pdf/r07-06.pdf
- https://www.discovermagazine.com/the-sciences/what-to-expect-if-earth-ever-falls-into-a-black-hole
- https://theconversation.com/what-would-happen-if-earth-fell-into-a-black-hole-53719
- https://whatifshow.com/what-if-earth-were-sucked-into-black-hole/

❺ 如果宇宙终结发生大坍缩，会怎么样呢？
- https://wmap.gsfc.nasa.gov/universe/uni_age.html
- https://www.nature.com/articles/d41586-020-02338-w
- https://arxiv.org/pdf/astro-ph/0107571.pdf
- https://www.nature.com/articles/d41586-020-03201-8
- https://arxiv.org/pdf/2011.11254.pdf
- http://curious.astro.cornell.edu/our-solar-system/104-the-universe/cosmology-and-the-big-bang/expansion-of-the-universe/609-what-would-the-big-crunch-look-like-to-an-observer-on-earth-advanced
- https://solarsystem.nasa.gov/basics/solartemperature/

❻ 假如走到宇宙的边际，会怎么样呢？
- https://www.space.com/universe-age-14-billion-years-old
- https://www.space.com/24073-how-big-is-the-universe.html
- https://www.loc.gov/everyday-mysteries/item/what-does-it-mean-when-they-say-the-universe-is-expanding/
- https://www.cfa.harvard.edu/seuforum/faq.htm
- https://medium.com/starts-with-a-bang/ask-ethan-is-the-universe-infinite-or-finite-ec032624dd61
- https://www.youtube.com/watch?v=oCK5oGmRtxQ
- https://www.britannica.com/science/cosmology-astronomy/The-Einstein-de-Sitter-universe
- https://www.space.com/34928-the-universe-is-flat-now-what.html
- http://www.esa.int/Science_Exploration/Space_Science/Is_the_Universe_finite_or_infinite_An_interview_with_Joseph_Silk
- https://www.kahaku.go.jp/exhibitions/vm/resource/tenmon/space/theory/theory02.html

❼ 假如"参宿四"发生超新星爆炸，会怎么样呢？
- http://curious.astro.cornell.edu/about-us/51-our-solar-system/the-sun/birth-death-and-evolution-of-the-sun/167-how-do-you-calculate-the-lifetime-of-the-sun-advanced
- https://iopscience.iop.org/article/10.3847/0004-637X/819/1/7/pdf
- https://www.spiedigitallibrary.org/conference-proceedings-of-spie/11490/2568900/Betelgeuse-scope--single-mode-fibers-assisted-optical-interferometer-design/10.1117/12.2568900.short?SSO=1&tab=ArticleLink
- https://www.nationalgeographic.com/science/article/betelgeuse-is-acting-strange-astronomers-are-buzzing-about-supernova
- https://iopscience.iop.org/article/10.3847/1538-4357/abb8db
- https://arxiv.org/pdf/1009.5550.pdf
- https://www.nature.com/articles/nphys172
- https://arxiv.org/ftp/astro-ph/papers/0601/0601261.pdf
- https://astronomy.com/news/2020/02/when-betelgeuse-goes-supernova-what-will-it-look-like-from-earth

❽ 假如太阳系第九行星被发现，会怎么样呢？
- https://solarsystem.nasa.gov/planets/dwarf-planets/pluto/overview/
- https://www.nature.com/articles/nature13156
- https://iopscience.iop.org/article/10.3847/0004-6256/151/2/22/pdf
- https://hubblesite.org/contents/news-releases/2007/news-2007-27.html
- https://arxiv.org/pdf/2108.09868.pdf
- https://www.universetoday.com/146283/maybe-the-elusive-planet-9-doesnt-exist-after-all/
- https://iopscience.iop.org/article/10.3847/PSJ/abe53e/pdf

❾ 假如落到太阳上，会怎么样呢？
- https://www.pveducation.org/pvcdrom/properties-of-sunlight/solar-radiation-in-space
- https://web.archive.org/web/20041118125616/https://history.nasa.gov/SP-402/p2.htm
- https://solarscience.msfc.nasa.gov/interior.shtml
- https://www.sws.bom.gov.au/Educational/2/1/11
- https://civilizationsfuture.com/joules/
- http://adsabs.harvard.edu/full/1992ApJ...401..759M

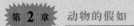

① 假如把蟒蛇打成死结儿，会怎么样呢？

- https://nationalzoo.si.edu/animals/green-anaconda
- https://www.nationalgeographic.com/animals/reptiles/facts/green-anaconda
- Simberloff, Daniel. "RN Reed and GH Rodda (eds): Giant constrictors: biological and management profiles and an establishment risk assessment for nine large species of pythons, anacondas, and the boa constrictor." (2010): 2375-2377.
- http://www.rakuwa.or.jp/otowa/shinryoka/seikei/sekitsui_shikumi.html
- http://www.kameda.com/patient/topic/spinal/02/index.html
- https://www.britannica.com/animal/boa-snake-family
- https://www.sekitsui.com/function/anatomy/
- https://www.nationalgeographic.com/animals/article/anacondas-sex-death-brazil-mating

② 假如蟑螂从地球上消失，会怎么样呢？

- https://www.afpbb.com/articles/~/3183993
- Bell, William J., Louis M. Roth, and Christine A. Nalepa. Cockroaches: ecology, behavior, and natural history. JHU Press, 2007.
- Youngsteadt, Elsa, et al. "Do cities simulate climate change? A comparison of herbivore response to urban and global warming." Global change biology 21.1 (2015): 97-105.
- 《蟑螂大全》青土社
- Uehara, Yasuhiro, and Naoto Sugiura. "Cockroach-mediated seed dispersal in Monotropastrum humile (Ericaceae): a new mutualistic mechanism." Botanical Journal of the Linnean Society 185.1 (2017): 113-118.
- Pellens, Roseli, and Philippe Grandcolas. "The conservation-refugium value of small and disturbed Brazilian Atlantic forest fragments for the endemic ovoviviparous cockroach Monastria biguttata (Insecta: Dictyoptera, Blaberidae, Blaberinae)." Zoological science 24.1 (2007): 11-19.
- Schapheer, Constanza, Roseli Pellens, and Rosa Scherson. "Arthropod-Microbiota Integration: Its Importance for Ecosystem Conservation." Frontiers in microbiology 12 (2021): 2094.

③ 假如人通过无性生殖进行繁殖，会怎么样呢？

- https://www.ncbi.nlm.nih.gov/pmc/articles/PMC2390672/
- https://www.nature.com/articles/4441021a#
- https://www.nature.com/articles/nature02402
- https://www.sciencedirect.com/science/article/abs/pii/S0147619X9991421X?via%3Dihub
- https://www.tandfonline.com/doi/full/10.1080/03014460.2019.1687752
- https://www.sciencedaily.com/releases/2009/04/090415075148.htm
- https://web.archive.org/web/20180821194641/https://www.apsnet.org/publications/apsnetfeatures/Pages/PanamaDiseasePart1.aspx

④ 假如让猛犸象在现代复活，会怎么样呢？

- Willerslev, Eske, et al. "Fifty thousand years of Arctic vegetation and megafaunal diet." Nature 506.7486 (2014): 47-51.
- Michael Greshko "Mammoth-elephant hybrids could be created within the decade. Should they be？" National Geographic (2021)
- Carl Zimmer "A New Company With a Wild Mission: Bring Back the Woolly Mammoth" The New York Times (2021)

- Zimov, N. S., et al. "Carbon storage in permafrost and soils of the mammoth tundra - steppe biome: Role in the global carbon budget." Geophysical Research Letters 36.2 (2009).
- Zimov, Sergey A., et al. "Mammoth steppe: a high-productivity phenomenon." Quaternary Science Reviews 57 (2012): 26-45.
- Beer, Christian, et al. "Protection of permafrost soils from thawing by increasing herbivore density." Scientific reports 10.1 (2020): 1-10.
- Denis Sneguirev, "Back to the Ice Age - The Zimov Hypothesis" Arturo Mio, 13 Productions, ARTE France, Ushuaïa TV, Take Five (2021)

⑤ 假如被鲸鱼吞下去，会怎么样呢？

- 《日本动物大百科第2卷 哺乳类 II 》（平凡社）
- 《牛顿（Newton）增刊修订版 动物的不可思议》（Newton杂志社）
- 《海洋动物百科 第一卷 哺乳类》（朝仓书店）
- https://www.nationalgeographic.co.uk/animals/2021/06/humpback-whales-cant-swallow-a-human-heres-why
- Whitehead, Hal. "Sperm whale: Physeter macrocephalus." Encyclopedia of marine mammals. Academic Press, (2018): 919-925.
- Huggenberger, Stefan, Michel André, and Helmut HA Oelschlaeger. "The nose of the sperm whale: overviews of functional design, structural homologies and evolution." Journal of the Marine Biological Association of the United Kingdom 96.4, (2016): 783-806.
- 《海兽学家, 鲸鱼解剖, 海洋哺乳类动物尸体解剖讲义》（山溪谷社）

⑥ 假如被鲨鱼咬了，会怎么样呢？

- Alcober, Oscar A., and Ricardo N. Martinez. "A new herrerasaurid (Dinosauria, Saurischia) from the Upper Triassic Ischigualasto formation of northwestern Argentina." ZooKeys 63 (2010): 55.
- https://www.britannica.com/animal/white-shark
- https://www.floridamuseum.ufl.edu/shark-attacks/factors/species-implicated/
- https://ocean.si.edu/ocean-life/sharks-rays/built-speed
- Klimley, A. Peter, et al. "The hunting strategy of white sharks (Carcharodon carcharias) near a seal colony." Marine Biology 138.3 (2001): 617-636.
- https://www.nationalgeographic.com/animals/article/120315-crocodiles-bite-force-erickson-science-plos-one-strongest
- Compagno, Leonard JV. Sharks of the world: an annotated and illustrated catalogue of shark species known to date. No. 1. Food & Agriculture Org., 2001.

⑦ 假如被霸王龙咬了，会怎么样呢？

- Bell, Phil R., et al. "Tyrannosauroid integument reveals conflicting patterns of gigantism and feather evolution." Biology letters 13.6 (2017): 20170092.
- Woodward, Holly N. "Paleontologists are unraveling the mysteries of young T. rexes. Creatures they thought were 2 species turned out to be kids and adults. " Insider Jan 2, 2020 (2020).
- Sellers, William I., et al. "Investigating the running abilities of Tyrannosaurus rex using stress-constrained multibody dynamic analysis." PeerJ 5 (2017): e3420.
- Woodward, Holly N., et al. "Growing up Tyrannosaurus rex: Osteohistology refutes the pygmy "Nanotyrannus" and supports ontogenetic niche partitioning in juvenile Tyrannosaurus." Science Advances 6.1 (2020): eaax6250.
- Cost, Ian N., et al. "Palatal biomechanics and its significance for cranial kinesis in Tyrannosaurus rex." The Anatomical Record 303.4 (2020): 999-1017.

- Smith, Joshua B. "Heterodonty in Tyrannosaurus rex: implications for the taxonomic and systematic utility of theropod dentitions." Journal of Vertebrate Paleontology 25.4 (2005): 865-887.
- Brochu, Christopher A. "Osteology of Tyrannosaurus rex: insights from a nearly complete skeleton and high-resolution computed tomographic analysis of the skull." Journal of Vertebrate Paleontology 22.sup4 (2003): 1-138.

第 3 章　地球的假如

1 假如整个地球变成黄金，会怎么样呢？
- https://www.pnas.org/content/118/4/e2026110118
- https://www.nature.com/articles/nature04763
- https://www.researchgate.net/publication/7004632_Accretion_of_the_Earth_and_segregation_of_its_core
- https://www.sciencedirect.com/science/article/abs/pii/S0042207X21007594?dgcid=rss_sd_all
- https://www.researchgate.net/publication/233030327_Pressure-volume-temperature_equations_of_state_of_Au_and_Pt_up_to_300_GPa_and_3000_K_Internally_consistent_pressure_scales
- https://journals.aps.org/prb/abstract/10.1103/PhysRevB.80.104114
- https://agupubs.onlinelibrary.wiley.com/doi/full/10.1002/2015GC006210

2 假如从日本到巴西挖个洞跳下去，会怎么样呢？
- https://www.arukikata.co.jp/country/BR/info/flight.html
- https://www.space.com/17638-how-big-is-earth.html
- https://www.nationalgeographic.org/encyclopedia/core/
- https://image.gsfc.nasa.gov/poetry/ask/a10840.html
- https://www.latlong.net/place/tokyo-japan-8040.html

3 假如地球的重力变成10倍，会怎么样呢？
- https://nasaviz.gsfc.nasa.gov/11234
- https://skybrary.aero/articles/g-induced-impairment-and-risk-g-loc
- https://aapt.scitation.org/doi/abs/10.1119/1.5124276?journalCode=pte
- https://arxiv.org/pdf/1808.07417.pdf
- https://www.frontiersin.org/articles/10.3389/fspas.2016.00026/full
- http://www.uphysicsc.com/2012-GM-A-449.PDF
- https://academic.oup.com/mnras/article/473/1/295/4160101

4 假如臭氧层从地球上消失，会怎么样呢？
- https://www.nasa.gov/topics/earth/features/world_avoided.html
- https://www.science.org/doi/10.1126/science.aae0061
- https://www.who.int/news-room/questions-and-answers/item/radiation-ultraviolet-(uv)
- https://link.springer.com/article/10.1007/s11160-020-09603-1
- https://onlinelibrary.wiley.com/doi/full/10.1111/j.1466-8238.2012.00784.x
- https://academic.oup.com/jxb/article/49/328/1775/516230?login=false
- https://csl.noaa.gov/assessments/ozone/2010/twentyquestions/Q2.pdf

5 假如受到电磁脉冲的攻击，会怎么样呢？
- https://www.thespacereview.com/article/1549/1
- http://ece-research.unm.edu/summa/notes/SDAN/0031.pdf
- https://www.popsci.com/story/environment/why-us-lose-power-storms/

- https://www.ucl.ac.uk/risk-disaster-reduction/sites/risk-disaster-reduction/files/report_power_failures.pdf
- https://www.nationalgeographic.org/science/article/earth-magnetic-field-flip-poles-spinning-magnet-alanna-mitchell

6 假如地球上的海水变成淡水，会怎么样呢？
- https://www.jstage.jst.go.jp/article/rikusui1931/42/2/42_2_108/_pdf/-char/en
- https://www.nationalgeographic.org/media/the-mangrove-ecosystem/
- https://www.americanoceans.org/facts/how-much-salt-in-ocean/
- https://www.cdc.gov/healthywater/global/wash_statistics.html
- https://www.unm.edu/~toolson/salmon_osmoregulation.html
- https://eprints.ucm.es/id/eprint/32657/1/robinson10postprint.pdf
- https://www.scienceabc.com/nature/world-oceans-become-freshwater.html
- https://www.sciencefocus.com/planet-earth/what-would-happen-if-all-the-salt-in-the-oceans-suddenly-disappeared/

7 假如富士山发生火山喷发，会怎么样呢？
- https://www.japantimes.co.jp/news/2020/01/03/national/300-years-majestic-mount-fuji-standby-next-eruption/
- http://www.asahi.com/ajw/articles/13262900
- https://mainichi.jp/english/articles/20200331/p2a/00m/0na/004000c
- https://sakuya.vulcania.jp/koyama/public_html/Fuji/fujid/0index.html
- https://www.sciencedirect.com/science/article/pii/S1474706511001112?via%3Dihub

8 假如发生地磁场反转，磁极移动，会怎么样呢？
- https://academiccommons.columbia.edu/doi/10.7916/D8G450SZ
- https://www.epa.gov/radtown/cosmic-radiation
- https://www.nature.com/articles/377203a0
- https://www.science.org/doi/10.1126/sciadv.aaw4621
- https://www.nature.com/articles/nature02459
- https://academic.oup.com/gji/article/199/2/1110/618671

第 4 章　人的假如

1 假如人完全不刷牙，会怎么样呢？
- https://jacksonsmilestn.com/blog/never-get-cavities/
- https://goldhilldentistry.com/cracking-the-truth-about-tartar/
- https://www.ncbi.nlm.nih.gov/pmc/articles/PMC5944123/
- https://journals.asm.org/doi/full/10.1128/CMR.13.4.547
- https://www.ncbi.nlm.nih.gov/pmc/articles/PMC3530710/
- https://www.nature.com/articles/s41598-021-93062-6
- https://link.springer.com/article/10.1007/s00784-018-2523-x

2 假如人完全不睡觉，会怎么样呢？
- https://www.news.com.au/technology/online/social/how-the-russian-sleep-experiment-became-a-global-phenomenon/news-story/b1705cc2fb46082e98ea13581ec4be0a
- https://www.ncbi.nlm.nih.gov/pmc/articles/PMC1739867/pdf/v057p00649.pdf
- https://www.ncbi.nlm.nih.gov/pmc/articles/PMC7479871/
- https://pubmed.ncbi.nlm.nih.gov/10718074/
- https://www.sleepdex.org/microsleep.htm
- https://www.bbc.com/future/article/20180118-the-boy-who-stayed-awake-for-11-days

- https://pubmed.ncbi.nlm.nih.gov/2928622/

③ 假如人感觉不到疼痛，会怎么样呢？
- https://www.ncbi.nlm.nih.gov/books/NBK481553/
- https://www.bjanaesthesia.org/article/S0007-0912(19)30138-2/fulltext
- https://www.kare11.com/article/news/girl-who-cant-feel-pain-battling-insurance-company/89-557702857
- https://people.stfx.ca/jmckenna/P430%20Student%20Docs/History/Term1/Nov.%2017%20Papers/Congen-Insens.pdf
- https://onlinelibrary.wiley.com/doi/10.1002/ana.410240109
- https://www.ncbi.nlm.nih.gov/pmc/articles/PMC7658103/

④ 假如人的大脑被100%使用成为可能，会怎么样呢？
- https://staff.aist.go.jp/y-ichisugi/rapid-memo/brain-computer.html
- https://www.scientificamerican.com/article/do-people-only-use-10-percent-of-their-brains/
- https://www.kyoto-u.ac.jp/ja/research-news/2017-08-31-0
- https://www.abeseika.co.jp/topics/detail/11
- https://www.jaam.jp/dictionary/dictionary/word/0604.html
- https://www.riken.jp/press/2014/20140723_1/
- https://www.u-tokyo.ac.jp/focus/ja/articles/a_00372.html
- https://www.riken.jp/press/2012/20121128/
- https://www.riken.jp/press/2017/20170508_1/

⑤ 假如把人体冷冻保存，会怎么样呢？
- https://www.theguardian.com/science/2015/oct/11/cryonics-booms-in-us

专栏

被雷击打中的时候保住性命的方法
- http://www.kakunin-design.info/contents/lightning/data/
- http://www.jma.go.jp/jma/kishou/know/toppuu/thunder1-4.html
- http://www.med.teikyo-u.ac.jp/~dangan/MANUAL/Burn/Electrical/lightburn.htm
- https://www.franklinjapan.jp/raiburari/knowledge/safety/64/

误入四维空间的时候幸存的方法
- https://www.s.u-tokyo.ac.jp/ja/story/newsletter/keywords/10/04.html
- https://www.askamathematician.com/2014/11/q-can-a-human-being-survive-in-the-fourth-dimension/

从飞行中的客机上掉落下的时候保住性命的方法
- https://www.statista.com/statistics/564769/airline-industry-number-of-flights/#:~:text=Global%20air%20traffic%20%2D%20number%20of%20flights%202004%2D2021&text=The%20number%20of%20flights%20performed,reached%2038.9%20million%20in%202019.
- https://lumens.blog.fc2.com/blog-entry-28.html
- https://www.popularmechanics.com/adventure/outdoors/a35340487/how-to-fall-from-a-plane-and-survive/

◎ 本书也参考了其他大量的文献和研究论文。

图书在版编目（CIP）数据

吸入黑洞：颠覆认知的假设 /（日）威严士著；燕
子译. —北京：中国科学技术出版社，2023.12

ISBN 978-7-5236-0337-6

Ⅰ. ①吸… Ⅱ. ①威… ②燕… Ⅲ. ①自然科学—普及
读物 Ⅳ. ① N49

中国国家版本馆 CIP 数据核字（2023）第 218825 号

版权合同登记号：01-2023-5184

ZOKUZOKU SHITE YAMITSUKI NI NARU! MOSHIMO KAGAKU TAIZEN
©VAIENCE2022 ©Tadaaki Imaizumi2022 ©Teruaki Enoto2022
First published in Japan in 2022 by KADOKAWA CORPORATION, Tokyo. Simplified
Chinese translation rights arranged with KADOKAWA CORPORATION, Tokyo through
Shanghai To-Asia Culture Communication Co., Ltd.

策划编辑	徐世新	版式设计	锋尚设计
责任编辑	向仁军　马稷坤	责任校对	吕传新
封面设计	锋尚设计	责任印制	李晓霖

出　　版	中国科学技术出版社
发　　行	中国科学技术出版社有限公司发行部
地　　址	北京市海淀区中关村南大街 16 号
邮　　编	100081
发行电话	010-62173865
传　　真	010-62173081
网　　址	http://www.cspbooks.com.cn

开　　本	880mm×1230mm　1/32
字　　数	140 千字
印　　张	5.625
版　　次	2023 年 12 月第 1 版
印　　次	2023 年 12 月第 1 次印刷
印　　刷	北京长宁印刷有限公司
书　　号	ISBN 978-7-5236-0337-6/N·317
定　　价	69.00 元